甜樱桃
新优良种
高效栽培技术

李天红　高照全　主编

化学工业出版社

·北京·

内容简介

《甜樱桃新优良种高效栽培技术》一书根据我国樱桃生产需求，系统介绍了甜樱桃新优良种，重点介绍了甜樱桃建园定植技术、土肥水管理技术、花果管理技术、整形修剪技术和大树改造技术等高效栽培技术。相关内容紧贴生产实际，深入浅出，图文并茂，既可用于指导果农生产，也可作为培训和教学参考书。

图书在版编目（CIP）数据

甜樱桃新优良种高效栽培技术 / 李天红，高照全主编 . —北京 ： 化学工业出版社，2024.7
ISBN 978-7-122-45606-9

Ⅰ.①甜… Ⅱ.①李… ②高… Ⅲ.①樱桃 - 高产栽培 Ⅳ.①S662.5

中国国家版本馆 CIP 数据核字（2024）第 092088 号

责任编辑：张雨璐　迟　蕾　李植峰　　　文字编辑：白华霞
责任校对：张茜越　　　　　　　　　　　装帧设计：关　飞

出版发行：化学工业出版社
　　　　　（北京市东城区青年湖南街 13 号　邮政编码 100011）
印　　装：中煤（北京）印务有限公司
710mm×1000mm　1/16　印张 10½　字数 216 千字
2025 年 8 月北京第 1 版第 1 次印刷

购书咨询：010-64518888　　　　　售后服务：010-64518899
网　　址：http://www.cip.com.cn

定　　价：58.00 元　　　　　　　　　版权所有　违者必究

建设委员会

主任委员　贲权民

委　　员　单宏臣　方锡红　闫兆兵　李天红

编写人员名单

主　　编　李天红　高照全

参　　编　吴晓云　李九仁　翟泽峰　钟　翡

陈　浩　毕宁宁　程建军　巩如英

何明利　高　冲　周雅楠　雷恒久

朱双民　朱胜扬　朱宏旭　王　腾

李　欣　郭子玉　王妍心　张文静

前言 🍒

　　甜樱桃是深受人们喜爱的水果，近 20 年来在我国得到飞速发展。目前我国樱桃种植面积 26.67 万公顷，产量 170 万吨，其中甜樱桃 24.63 万公顷，是世界上樱桃栽培面积最大、产量最高的国家。樱桃产业快速发展得益于国内生产技术的不断进步：通过选育优良砧木，解决了过去"樱桃好吃，树难栽"的难题；利用杂交育种培育出了红灯、红艳、明珠、福晨、彩霞等大量优良品种，不但让洋樱桃有了中国名，还在生产中广泛使用；开展了系列土肥水管理、病虫害绿色防控、轻简化栽培、设施生产等技术的集成应用。我国樱桃产业发展和技术进步也受到国际同行的高度重视，2017 年国际园艺学会决定第九届国际樱桃大会在中国北京召开。

　　国际樱桃大会召开是我国樱桃事业发展中的一大盛事，必将对我国樱桃产业发展和技术进步产生重要的推动作用。为此世界樱桃大会组委会和北京市园林绿化局邀请笔者针对我国樱桃生产实际问题，特别是北京樱桃生产需求，编写一本指导果农生产，实现良种良法的技术手册，以促进北京地区樱桃产业健康发展，并为提升我国樱桃栽培技术体系提供支撑。为此我们邀请相关领导和业内专家组成建设委员会，论证并确立编写提纲和写作要求，组建精干编写队伍开展书稿撰写工作。

　　笔者曾于 2004 ～ 2007 年跟山东省冠县林业局原副局长王国正学习樱桃优质丰产栽培技术，并在北京示范应用；于 2004 ～ 2007 年跟韩南容院士学习有机果品生产技术，并成功生产出高档有机樱桃；2006 ～ 2008 年跟北京四季青果树所魏连贵老师学习纺锤形整形修剪技术，该基地是北京樱桃发展初期示范基地的样板；2014 ～ 2015 年跟张显川老师在山东新泰做樱桃大树改造，效果很好，山东省科技厅连续开了多次现场观摩会。近 20 年来笔者不断学习揣摩樱桃生产技术，并不断实践应用，相关技术已在北京多地示范，实践表明相关技术能够解决北京樱桃生产中的很多难题。

　　本书由中国农业大学李天红教授策划统稿，北京农业职业学院高照全教授执笔起草。中国农业大学翟泽峰，北京市园林绿化局钟翡、陈浩，北京农业职业学院吴晓云、程建军、巩如英、雷恒久，北京市顺义区园林绿化局李九仁、何明利、高冲、毕宁宁和周雅楠等参与部分编写工作，北京三合樱源种植农业合作社朱双民、朱胜扬、朱宏旭提供部分技术资料和图片，北京农业职业学院王腾、李欣、郭子玉、王妍心、张文静协助进行资料整理。本书部分内容参阅了一些参考资料，得到很多前辈和同行指点，深表感谢。前人授予薪火，是为后人传之。笔者尽己所能，总结各方成果汇成此书，以期能解果农之惑，助三农发展；也期待得到专家同行们的指正，完善相关技术。

本书编写过程中得到了北京市园林绿化局、北京市林果研究院和北京市顺义区园林绿化局等单位大力帮助，化学工业出版社在出版过程中给予了全方位支持，在此表示衷心感谢！

高照全

目录 🍒

第四章　甜樱桃土肥水管理技术　048

第一章

甜樱桃概述

　　樱桃属于蔷薇科（Rosaceae）樱桃属（Cerasus. L）植物，是一种温带落叶果树。在我国栽培中使用的樱桃有 4 个种，分别是欧洲甜樱桃、中国樱桃、酸樱桃和毛樱桃。欧洲甜樱桃个大味甜栽培最多，有的也称为甜樱桃或大樱桃。本书中如无特别说明，所讲的樱桃都是甜樱桃。甜樱桃已有近 2000 年栽培历史，最初起源于黑海、里海一带，在 16 世纪意大利、德国、法国、英国等欧洲国家开始大规模栽培，并培育出不少优良品种。18 世纪随着新大陆的发现而传入美国，其樱桃栽培面积很快超过欧洲传统樱桃生产国。

　　我国种植中国樱桃和毛樱桃的历史悠久，超过了 3000 年，古代也称为"含桃"。传说黄莺喜欢吃樱桃的果实，人们就称其为"莺桃"，后来则以樱桃称呼这种果树。樱桃也能入药，有补气、祛湿的作用。我国是 1871 年从西方引进了甜樱桃，开始了甜樱桃栽培。甜樱桃用工少、效益高，近几十年来得到了飞速发展。如图1-1和图1-2所示，分别为传统栽培樱桃园和新建乔化密植樱桃园。

　　甜樱桃在北方果树里面成熟最早，是"春果第一枝"，而且甜樱桃果实鲜红艳丽、

图1-1　传统栽培樱桃园

图1-2　新建乔化密植樱桃园

味道可口、富含营养（图1-3）。实验分析表明，甜樱桃中不但富含碳水化合物（糖类）、蛋白质，也含有铁、钙、磷、钾，以及各种维生素。甜樱桃铁的含量达 5.9mg/100g，比苹果、梨等常见水果高几十倍；维生素 A 的含量也很高，达 35mg/100g。

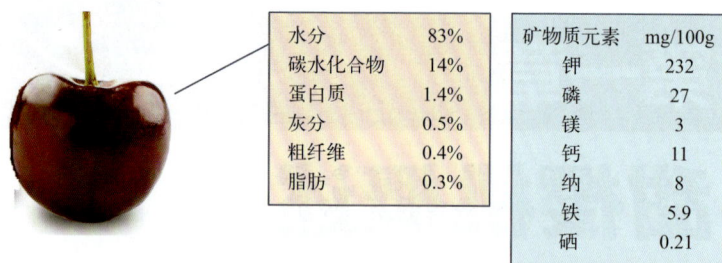

水分	83%
碳水化合物	14%
蛋白质	1.4%
灰分	0.5%
粗纤维	0.4%
脂肪	0.3%

矿物质元素	mg/100g
钾	232
磷	27
镁	3
钙	11
纳	8
铁	5.9
硒	0.21

图1-3　每百克甜樱桃中营养物质和矿物质元素含量

第一节　甜樱桃生产现状

一、世界甜樱桃生产现状

甜樱桃属于落叶果树，适宜生长在暖温带，过去基本分布在北半球。欧洲各国是传统产区，亚洲的中国、伊朗、日本等也是甜樱桃生产大国。近几十年来，智利、澳大利亚、南非等国也种植了不少甜樱桃。

2019 年联合国粮食及农业组织（FAO）统计表明，世界甜樱桃主要生产国家的种植面积约为 40 余万公顷，产量在 367.8 万吨左右（中国数据来自行业估计，其他来自FAO）。甜樱桃是一种高效水果。在美国，人们把樱桃生产称为"黄金种植业"。把甜樱桃当作"宝石水果"，主要就是因其管理容易、效益高。

近几十年来，世界上樱桃种植面积持续增加（图1-4），主要与中国种植面积快速增

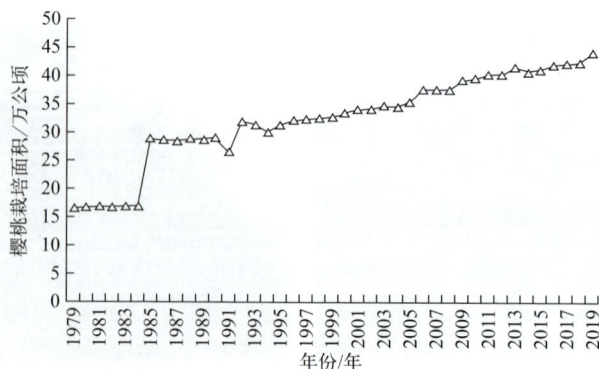

图1-4　世界樱桃栽培面积年变化

长有关。目前中国是樱桃栽培面积和产量最大的国家。其次为土耳其、美国、智利、乌兹别克斯坦和伊朗等国（图1-5）。2019年世界樱桃总产量367.8万吨，其中中国最多为约113万吨，其次为土耳其约66万吨，美国约32万吨，智利约23万吨，乌兹别克斯坦约18万吨，伊朗约13万吨（图1-6），各国产量共计367.8万吨。

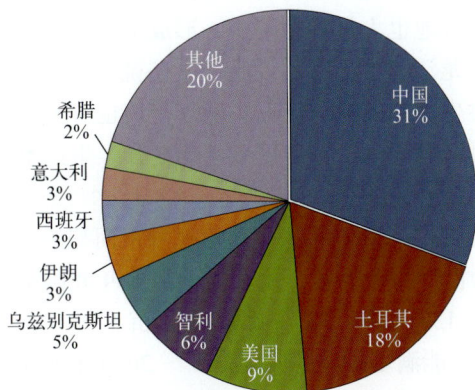

图1-5　2019年世界樱桃栽培面积分布

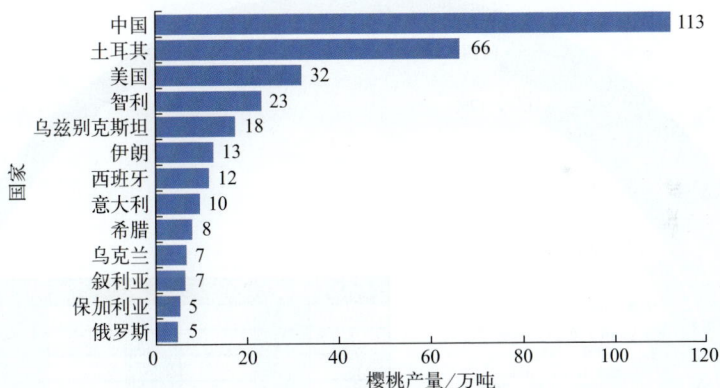

图1-6　2019年世界各国樱桃产量

二、中国甜樱桃生产现状

甜樱桃成熟最早，是"百果之先"，其颜色亮丽、可口怡人，深受中国消费者喜爱，也是近年来城郊观光采摘果树的首选。我国最先栽培樱桃的地区是山东省烟台市，1871年由美国传教士最先传入，后来烟台、大连又有人从朝鲜、美国引进那翁、大紫等品种。在樱桃种植初期，因消费者认识和消费能力有限等问题，我国甜樱桃的种植面积一直不大，到1995年时只有6万亩（1亩=666.7m²），产量不足5000t，基本集中在烟台和大连两地。烟台和大连樱桃发展早，相当长的时期内都占全国樱桃面积和产量的 2/3 以上，2006 年时两地年产量分别为 4.9 万吨和 1.2 万吨。

随着消费者对樱桃需求的增加，其栽培面积在近几十年来得到快速扩展，从烟台、大连很快扩展到山东全省，河北秦皇岛、唐山等地，以及北京和天津等，形成了我国樱桃栽培最大的产区——渤海湾产区。后来河南郑州、洛阳、三门峡，山西运城，陕西关中地区，甘肃天水等地也大量种植樱桃，形成了我国樱桃栽培的新区——陇海铁路沿线产区。此外，黑龙江和吉林利用设施开展樱桃生产，四川、云南、贵州等地利用高原、山地开展樱桃生产，上海、江苏、浙江等地也有少量栽培。目前我国樱桃栽培面积最大的产区是渤海湾地区，该产区栽培历史长，生产水平高，种植面积占全国樱桃总面积的 4/5 以上。

根据我国樱桃学会估计，2016 年我国甜樱桃种植面积约 18 万公顷，产量约 70 万吨，已超过土耳其成为世界甜樱桃第一生产国。2018 年我国山东、陕西和辽宁樱桃的栽培面积最大，分别为 132 万亩、38 万亩和 32 万亩（图 1-7）。目前我国樱桃产量已超过 100 余万吨，但仍不能满足果品需求。2019～2020 年度我国进口樱桃 19.46 万吨，进口额 16.51 亿美元，位居新鲜水果进口排名第一位。因此积极扩大樱桃生产规模，提高生产效益，进行反季节生产等有非常重要的意义。

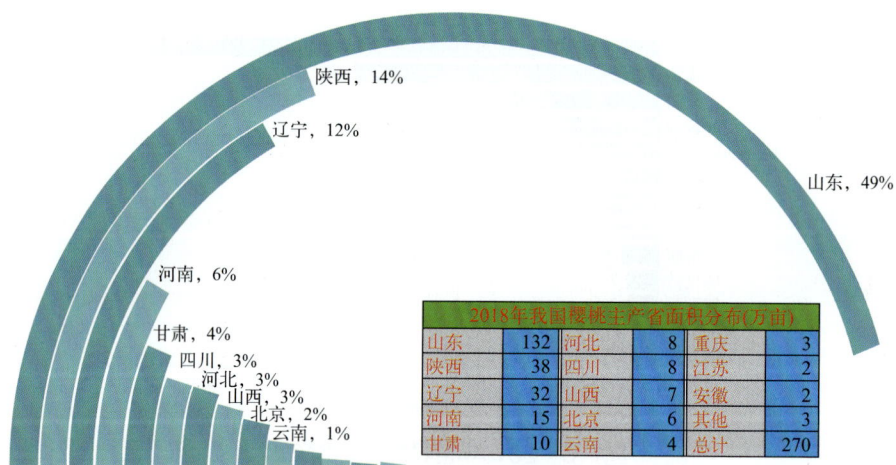

2018年我国樱桃主产省面积分布(万亩)					
山东	132	河北	8	重庆	3
陕西	38	四川	8	江苏	2
辽宁	32	山西	7	安徽	2
河南	15	北京	6	其他	3
甘肃	10	云南	4	总计	270

图1-7 我国樱桃主产省份面积分布

三、我国生产存在的主要问题

1. 樱桃品种有待丰富

目前我国樱桃生产中应用的品种有 100 多种，这些品种普遍难以适应我国冬季冷、夏天热的大陆性气候，造成樱桃生产范围受到很大限制，如何培育出抗性强、适应性广的优良品种对于加快我国樱桃发展非常重要；在生产中采用的樱桃砧木普遍不抗根癌病，造成根癌日益严重，果农对抗根癌砧木品种的需求极为迫切；近年来各地设施樱桃栽培热情高涨，但所用品种都是传统露地品种，急需发展低需冷量的设施专用品种；近几年来国外培育出了不少需冷量在 500h 以下的品种，尚需深入观察试种。

2. 樱桃产区发展不均衡

目前国内甜樱桃栽培绝大部分集中在渤海湾产区（图 1-8），该产区甜樱桃果实成熟期多在 5～6 月。在山东、辽宁等樱桃生产老产区栽培中主要的问题是成熟期集中，储运、冷链等配套技术不完善，造成这几年樱桃价格下滑，果农收入减少。在陕西省、山西省、甘肃省、四川省等新发展的樱桃产区，面积规模扩展较快，但这些地区甜樱桃产业的规模、种植技术仍较大连、烟台等传统的甜樱桃生产区有较大的差距。樱桃新区普遍存在生产技术水平低、建园成活率低、幼树难成花、大树徒长，以及树形不规范等系列问题，制约了樱桃新区发展。总体而言，我国不同地区产业发展的不平衡和储运技术落后使得甜樱桃上市期过于集中的问题日益突出，近几年已经出现樱桃价格下滑、效益下降问题。

图1-8　山东新泰樱桃基地

3. 樱桃栽培技术有待提高

在我国烟台、大连等樱桃老产区有不少果园亩产可达 1500kg，和发达国家差距不大。但也有不少果园因砧木、品种选择不当，生产技术掌握不到位，进入盛果期的时间较晚，或根癌病、流胶病、天牛等引起树体早衰，降低了果园的经济寿命。在甜樱桃栽培的新产区，常因前期技术储备不足，和樱桃生产相关的关键技术没有完全解决，造成产量低、效益差等问题。

4. 储藏保鲜和冷链运输还不配套

甜樱桃普遍不耐储运、货架期短，国外一般采用冷链进行储藏和运输，如智利樱桃采收后再从南半球海运到中国后，还能储藏 1 个月以上（图 1-9、图 1-10）。而我国甜樱桃的储运保鲜技术不够完善，不能像苹果、梨和柑橘那样实现周年供应。目前，国内甜樱桃配套冷库和气调库还不够完善，如何加强樱桃采后处理技术，延长货架期，对于我国樱桃健康发展非常重要。

图1-9　国内樱桃人工分级

图1-10　国外冷链包装后在中国销售的樱桃

5. 设施栽培技术尚不成熟

通过设施生产可实现樱桃提前上市，一般可在 3～4 月成熟，大连、烟台、潍坊等地发展了不少设施樱桃（图 1-11），大连有的地方还探索了提前预冷、春节上市的技术。但我国设施樱桃生产技术还不够成熟，特别是在设施专用品种筛选、提高坐果率、花期环境控制、预防大小年和延长结果年限等方面有待进一步深入研究。

(a)

(b)

图1-11　设施樱桃栽培技术

6. 现代营销体系有待建立

我国樱桃生产以农户分散经营为主，在销售上主要依靠果商上门收购，这种模式既减少了果农收入，也不利于应对市场风险。如新冠疫情发生后，有不少产区因无人收购，而使樱桃烂在地里。如何利用现代信息化销售体系、物流体系、电商系统等构建适合樱桃的现代营销系统，对于我国樱桃健康发展非常重要。

第二节 甜樱桃生长特性

过去一直有"樱桃好吃，树难栽"的说法，了解樱桃的生物学特性是进行栽培管理的前提。甜樱桃是高大的落叶乔木，高度能超过20m，生产中的樱桃高度一般控制在5m以下；樱桃树皮为褐色；枝条灰棕色，嫩枝绿色，有鳞片包被；冬芽卵状椭圆形；叶片倒卵状椭圆形，长3～13cm，基部圆形，叶边有缺刻状圆钝重锯齿；叶柄长度一般为2～7cm。

一、樱桃生长特性

1. 根系

樱桃根系与一般果树相比生长较浅，主根不发达，侧根、须根较多（图1-12）。樱桃的根大部分生长在10～30cm深的土层中。实生砧木的根系较为发达，分布也深，扦插育成的矮化砧木根系更浅。沙性土壤，通透性好，有利于樱桃根系生长；而黏性土壤，透气性差，不利于樱桃根系生长，也影响地上部分的生长和结果。当土壤水分过多，特别是地面出现积水时会引起根系呼吸受抑制，进而引起烂根、流胶，甚至整树死亡。因此在樱桃生产中要注意在沙性壤土上建园，采取起垄栽培，防冻、防旱、防涝。

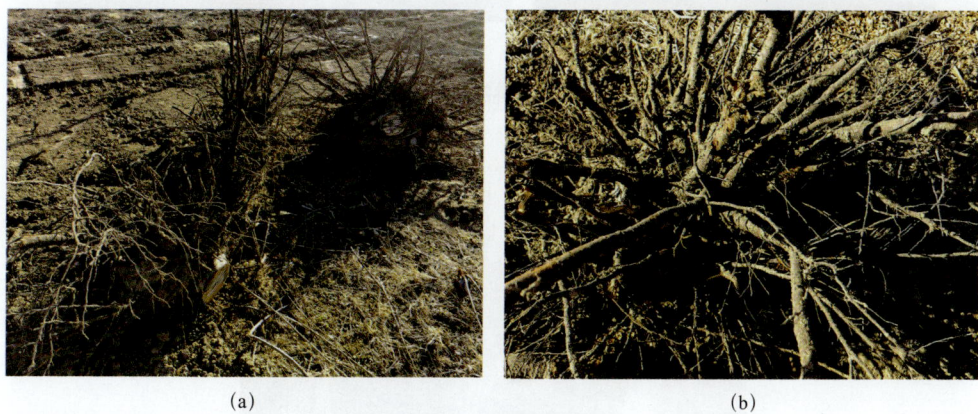

(a)   (b)

图1-12 樱桃的根系

2. 枝干

樱桃属于落叶乔木树种，自然生长时高度可达二三十米。生产中甜樱桃树一般高4～5m，矮化树2.5～3.5m，通常小树有中央主干（图1-13）。放任生长时樱桃树冠呈圆头形，主干并不显著，人为留干也能形成较强中干。樱桃枝条的树皮光滑，皮孔可连在一起形成大的横向皮孔，有时主干上也能长出花束状果枝（图1-14）。樱桃树上的枝按照性质可分为营养枝和结果枝，营养枝就是没有花果，只长叶的枝条，营养枝制造的营养可供枝干和根系生长，足够多的营养枝是樱桃树体健壮的标志。结果枝就是能开花结果的枝，结果枝叶片制造的营养主要供应自身生长和成花结果。

(a)

(b)

图1-13　樱桃的树干和枝条

图1-14　主干上形成的花束状果枝

甜樱桃新优良种高效栽培技术

3. 芽

櫻桃的芽单生，分叶芽和花芽两类（如图 1-15 所示）。叶芽较瘦，瘦长；花芽肥大，呈枣核状。在幼树时枝条生长较旺，中长枝侧芽多为叶芽，进入盛果期后长枝基部可形成花芽，中短枝侧芽为花芽；并且所有櫻桃枝的顶芽都是叶芽。花束状果枝只有顶芽是叶芽，其他都是花芽，是櫻桃树最主要的结果枝类型。

櫻桃的萌芽力较强，成枝力低。但其隐芽寿命较长，可用于更新。进入盛果期后櫻桃的萌芽力还有一定提高，但成枝力更低。

叶芽

(a)

大叶芽

花芽

(b)

叶芽

花芽

(c)

(d)

图1-15　櫻桃的叶芽和花芽

4. 花果

櫻桃的花序为总状花序，一般有 2 ～ 5 朵小花 ［图 1-16（a）］。花蕾为粉色，盛开后呈白色，一般先花后叶；花梗的长度为 2 ～ 3cm；櫻桃花瓣白色，倒卵圆形，先端略微下凹；雄蕊约 20 ～ 30 枚，雌蕊 1 枚，花柱与雄蕊近等长，当气候异常时会出现发育不良，而形成双柱头现象。

櫻桃属于核果，正常授粉受精后花的子房发育成果实，櫻桃果实包括内果皮、中果皮和外果皮三部分。果实近球形或心脏形 ［图 1-16（b）］。櫻桃的果实较小，中国樱桃单果重仅 1g 左右，欧洲甜樱桃单果重一般 5～10g，最大甚至可达 15g。果实红色至紫黑色，直径 1.5～2.5cm。果实有椭圆形、扁圆形、肾形、圆形、心脏形、宽心脏形；果皮颜色有黄白色、有红晕或全面鲜红色、紫红色或紫色；果肉有白色、浅黄色、粉红色及红色；肉质柔软多汁；有离核和黏核，核椭圆形或圆形，核内有种仁，或者无种仁。

| (a) 花 | (b) 果实 |

图1-16　樱桃的花和果实

5. 花芽分化

樱桃花芽分化包括生理分化期和形态分化期两个阶段，樱桃花芽分化具有时间早、分化时间集中和分化速度快的特点。樱桃生理花芽分化时间较早，生理分化在硬核期就开始了［图1-17（a）］，一般在 5 月中旬至 7 月上中旬，集中在 5 月中下旬到 6 月上旬。所以樱桃摘心、扭梢等促花作业应该在硬核期就开始，一般品种盛花期后 25 天进行。果实采收后，中长果枝的侧芽开始花芽分化，能持续到 7 月中旬。7～8 月份是甜樱桃花芽形态分化和花芽进一步发育的关键时期。笔者还发现樱桃花的生理分化还能多次进行，试验表明 6 月底夏剪后萌发的新梢当年也能进行生理分化形成花芽［图1-17（b）］。这为樱桃大树当年改造当年成花，来年增产提供了保障。

花芽

二次分化

初次分化

| (a) | (b) |

图1-17　樱桃分化的花芽

6.落叶和休眠

北方栽培的樱桃一般在 11 月份落叶（图 1-18），在病虫害严重、干旱、水涝等不利条件下，也能造成提前落叶，落叶提前不利于樱桃营养物质的积累，也会影响花芽质量。落叶后樱桃就进入正常休眠，休眠是果树正常的生理需要。樱桃自然休眠后，宜对主干涂白，以减轻冻害，降低病虫卵基数（图 1-19）。樱桃在休眠期对低温有一定要求，所以设施促成栽培时首先要满足樱桃树对低温的需求。最初有学者研究表明，樱桃冬季需要满足 1440h 的低温（0 ～ 7.2℃），来年才能正常开花结果；后来研究发现多数甜樱桃品种对低温的需求在 1100 ～ 1300h 之间。近年来实践表明，设施内中早熟品种在满足 800 ～ 1200h 的低温后，结合破眠剂基本可以正常开花坐果。

图1-18 樱桃落叶

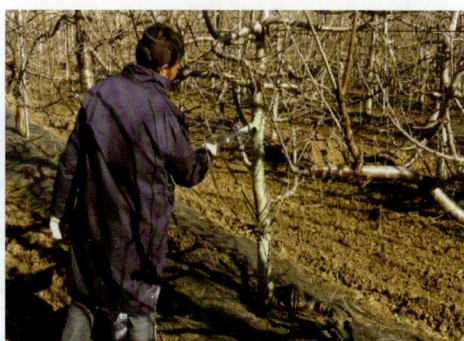

图1-19 落叶后树干涂白

二、樱桃结果枝特性

1.樱桃结果枝

樱桃新梢上的叶片脱落以后，当年生长的枝即称为 1 年生枝。所有芽都长在 1 年生枝上，根据芽的性质可将 1 年生枝分为结果枝和营养枝（或生长枝）。结果枝就是有花芽，将来能开花结果的枝；营养枝就是没有花芽，只能进行营养生长的枝。根据结果枝的形态人们一般将其分为长果枝、中果枝、短果枝、混合枝以及花束状果枝五种类型。一般而言，在幼树期和初果期，因树势旺，长、中、短果枝比例较高，特别是通过摘心等促花后会形成一定比例的长果枝；进入盛果期的樱桃树或衰弱树花束状果枝和短果枝比例高。在盛果期部分长枝的基部也能形成花芽，这类枝人们称之为混合枝，一般混合枝上的花芽较弱，花芽质量差。花束状果枝和短果枝是一般品种主要的结果枝类型，尤其是花束状果枝，樱桃丰产的前提就是促进大量花束状果枝和短果枝形成。

2.樱桃结果枝类型

如图 1-20 所示为樱桃果枝的五种类型，分别是混合枝、长果枝、中果枝、短果枝、花束状果枝。了解不同果枝特点是对其管理的前提。

花束状果枝<5cm

(a)

短果枝5cm左右

(b)

中果枝5~15cm

(c)

长果枝15~20cm

(d)

混合枝＞20cm

(e)

图1-20　樱桃树不同类型结果枝

（1）花束状果枝　这类果枝是樱桃最主要的果枝类型，长度最短，一般不足5cm，多数在1～2cm。花束状果枝只有顶端芽是叶芽，其余都是花芽，当开花时就像一个打理过的花束，故称为花束状果枝。花束状果枝上的花芽质量好，结果的品质也高，而且该果枝的寿命也长，最多可达7年以上。这类果枝每年的生长量很小，连年成花结果，不会造成结果部位外移。花束状果枝与枝干连接力弱，如果碰掉就不能再长出，应注意保护。

（2）短果枝　长度在5cm左右。除顶芽为叶芽外，其余芽全部为花芽。短果枝一般分布在两年生或三年生枝段上，该类果枝花芽质量高，也容易坐果，是常见的结果枝。

（3）中果枝　长度为5～15cm。除顶芽为叶芽外，侧芽全部为花芽。多生长在两年生枝上，初果期树较多。中、短果枝都不能短截，否则会因失去叶芽而变成废枝。

（4）长果枝　长度为15～20cm。长果枝的顶芽为叶芽，紧靠顶芽在枝条前段的部分芽为叶芽，中后部的芽为花芽。因樱桃的花芽是纯花芽，基部花芽成花后因无叶片就不再成花，造成枝条后部光秃，因此长果枝一般宜在叶芽部位适当短截。幼树、初果期樱桃树长果枝比例大。

（5）混合枝　长度在20cm以上。混合枝是樱桃特有的一种果枝类型。这类果枝一般进入盛果期后出现较多，主要是侧生枝，或枝组延长枝长势变弱，基部侧芽成花。因枝条长势弱，所以花芽质量差，坐果也不好，宜短截促其生长。

不同果枝数量和樱桃的品种、长势息息相关。一般在樱桃生长初期，因枝条长势强，再加上摘心、扭梢、拉枝等技术应用，长、中果枝比例大；进入盛果期后花束状果枝比例增加，并成为主要结果枝。长势强健的红灯、美早等品种，长、中、短果枝比例大；而长势弱、易成花的拉宾斯、萨米脱、雷尼等品种花束状果枝和短果枝比例高。

花束状果枝、短果枝、中果枝只有顶芽是叶芽，短截后该枝来年就会死亡，失去成花结果能力。进入盛果期后中长枝花芽比例增加，如果对花芽判断不准，一般也不对中长果枝进行短截。幼树阶段通过摘心扭梢等成花的旺枝，宜重短截，以将该枝条转化为结果枝。

3. 樱桃结果枝组

不同的结果枝组合在一块就形成了结果枝组（图1-21～图1-24），树形管理的主要任务就是培养大量稳定的结果枝组，以维持樱桃树产量。樱桃的结果枝组和管理方式有很大关系，乔化树结果枝组大（图1-23），矮化树结果枝组小（图1-24）；另外结果枝组大小、果枝类型和树龄也有很大关系（图1-22、图1-23）。山东不少地方以甩放成花为主，甩放后主要在骨干枝上形成花束状果枝和短果枝；北京地区由于甩放难成花，一般通过短截、回缩培养结果枝组；在北京也可通过先培养旺枝，然后扭梢等促花，进而甩放形成结果枝组。樱桃成枝力低，对背上徒长枝一般极重回缩，然后再培养出新的背上结果枝组（图1-22）。纺锤形樱桃结果枝组大，而细长纺锤形、篱臂形、多干树形等结果枝组小。

图1-21 背上旺枝重剪后形成的结果枝组

图1-22 初果期乔化樱桃结果枝组

图1-23 盛果期乔化樱桃结果枝组

图1-24 矮化树结果枝组

甜樱桃新优良种高效栽培技术

三、对环境条件的要求

1. 温度

樱桃是温带果树，且比一般落叶果树更喜温，适宜在年均气温 10～12℃地区生长。萌芽期要求日平均气温 10℃左右，花期一般 15℃，果实成熟期 20℃上下。中国樱桃原产地位于长江流域，需要温暖潮湿的气候，耐寒力更弱。甜樱桃和酸樱桃原产于西亚和欧洲等地，适应冬季温暖湿润、夏季凉爽干燥的地中海式气候，在我国华北、黄淮、关中及辽南栽培较宜。但冬季干冷、夏季高温干燥对甜樱桃生长不利。冬季最低温度达到 −18～−20℃就会发生枝条冻害，−25℃时樱桃树就会大量死亡，温度过低容易造成冻伤和流胶。另外花芽易受冻害。在开花期温度降到 −3℃以下花即受冻害，所以在发展樱桃时，不宜在过分寒冷的地区。在河北北部、北京等地栽培樱桃树时，幼树应加强保护，防止抽条。

2. 水分

樱桃是果树中对水分要求比较苛刻的树种，既不耐旱，也不耐涝，对土壤含水量非常敏感（图 1-25）。樱桃根系分布较浅，叶片大，且树冠蒸腾作用强，所以土壤干旱时生长受抑制，严重时叶片发黄脱落。当土壤水分过多时，特别是雨季降雨过多，产生地面积水后会造成根系严重受损。当地面积水超过 48h 就会造成叶片脱落，超过 72h 就会有樱桃树整株死亡。在地势低洼的盐碱地，积水产生的危害尤其严重。因此，樱桃建园一定要提前做好排水设施，雨季及时排水。樱桃一般要求年降雨量 600～700mm，生长季土壤持水量在 60%～70%。不过在黑海地区的乌克兰，因灌水条件良好，虽然年降雨量不足 300mm，但樱桃产量和品质都非常高。

果园积水　　　　　　水分适宜　　　　　　土壤干旱

图1-25　樱桃树对水分非常敏感

3. 光照

樱桃喜光，对光照的要求比苹果、梨等常见果树还高，全年日照宜在 2600h 以上。光照条件好时，樱桃生长健壮，结果年限长，同时果实坐果率高，果面着色好，含糖量高，品质好。光照条件差时，树体易徒长，树冠内枝条衰弱，结果枝寿命短，结果部位外移，果实着色差，成熟晚，品质差。光照不足尤其不利于樱桃花芽分化，且弱光下形成的花芽质量也差，开花时坐果率低。山地和丘陵果园宜在阳坡建园，平原樱桃园不宜密度过大，同时应加强拉枝、控制大枝数量，确保内膛通风透光良好。

4. 土壤

樱桃宜在沙性土壤或沙壤土中栽培。土壤黏重时不利于根系生长，盐碱土壤也不利于其根系生长，樱桃适宜的 pH 值范围在 5.6 ~ 7.0 之间。樱桃和一般果树一样忌重茬栽培，栽培过樱桃的土壤含有很多抑制根系生长的次生物质，根癌病等病原菌容易滋生，所以最好不重茬栽培。补栽时不要在原坑种植，还要挖大坑改土、消毒，以减轻重茬危害。樱桃属于核果类果树，栽培过桃、杏、李等果树的地块也不宜再种樱桃。

5. 风

风对樱桃生长也有很大影响，樱桃树根系浅，容易被大风吹倒（图 1-26）。春季风沙大的地区容易将花的柱头吹干，降低坐果率。所以樱桃不宜在风口处或风沙大的地区建园，栽培樱桃前应先建防风林带，山区风口处应建防风障。风也可以帮助花粉传播，促进叶片蒸腾作用，在设施内栽培樱桃时容易因缺乏有效空气流通，而减弱树体内水分流动，影响花粉有效传播，所以设施内应尽量加大通风。

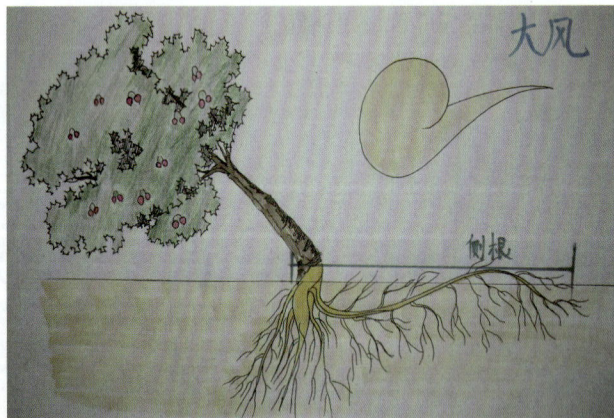

图1-26 樱桃树抗风能力差

四、樱桃周年生长发育及管理

见表 1-1 ~ 表 1-4。

甜樱桃新优良种高效栽培技术

表1-1 春季生长发育及管理

管理			发育			
生草	施肥	展叶	萌芽	**春**		
	浇水		长梢			
防霜冻	授粉		开花	樱桃被誉为"春果第一枝"，在春天萌芽开花，坐果成熟，采收果实。还在春天完成新梢生长，形成花芽。春天的管理内容也最多，最为重要，不仅要施肥打药，更要完成授粉疏果、摘心扭梢等作业。确保当年果实坐果和来年花芽形成是春季管理的中心任务。此外还应做好保花保果、果实采收等工作		
防治病虫害	拉枝	新梢生长	坐果			
	浇水		果实膨大			
	摘心扭梢		硬核			
果园割草		花芽分化	转色			
	采收		成熟			

表1-2 夏季生长发育及管理

管理		发育			
	采后追肥	花芽发育	**夏**		
喷药防治病虫害	雨季排水	合成和积累养分	樱桃夏季主要进行养分合成和花芽发育，这个时期的管理重点是通过夏季修剪改善树冠的光照条件，促进花芽发育。做好果园病虫害防治工作，确保叶片数量，及时割草，还要特别注意雨季排水，防止地面积水		
	果园割草				
	夏季修剪	新梢封顶			

表1-3　秋季生长发育及管理

管理		发育		秋
防治流胶病	秋施基肥	落叶	花芽成熟	秋季樱桃主要完成落叶，花芽、叶芽成熟，鳞片形成等发育过程。主要的工作是秋施基肥，为来年果树生长和结果打下良好基础
	果园割草			
清园	病虫害防治	养分回流	根生长	

表1-4　冬季生长发育及管理

管理		发育		冬
树体保护	幼树缠膜	灌封冻水	枝芽、根休眠	枝叶休眠	冬季樱桃各器官都进入休眠状态，这期间最主要的工作是进行冬季修剪，同时注意对树体进行保护，防止受冻和抽条
	大树涂白	冬季修剪		

第三节　北京甜樱桃生产现状和发展建议

樱桃是北京露地栽培果树中成熟最早、价格最高、单位面积经济效益最好的果树树种，近十余年来发展迅速，面积已达6万余亩。主要的栽培品种有红灯、早大果、美早、布鲁克斯、红蜜、先锋、雷尼、滨库、拉宾斯、斯坦勒和萨米托等。

一、北京地区樱桃产区分布

目前北京全市樱桃种植面积6万亩，占全部果树面积的2.9%；总收入3.29亿元，占全部果品收入的7.6%。北京市樱桃产区主要分布在海淀、通州、昌平和顺义，其中海淀区的樱桃栽培面积最大为1.5万亩，通州区和昌平区的樱桃栽培面积都在1万亩左右，顺义区的樱桃栽培面积为 0.7 万亩。全市樱桃种植面积最大的乡镇是苏家坨镇，为 8054 亩，其次为十三陵（5298 亩）、西北旺镇（1983 亩）、巨各庄镇（1458 亩）、温泉镇（1346 亩）等。不同树龄樱桃的分布较为均匀，幼树、初果期树和盛果期树的面积相对均衡（图 1-27），超过 20 年的大树较少。一般来说管理好的樱桃树可以稳定结果 30 年以上，北京市大树较少也说明了在管理中存在较多问题，造成大树存活率低。另外生产中还存在幼树成花难、旺树成花少，流胶病、根瘤病严重，设施栽培技术不完善等问题。

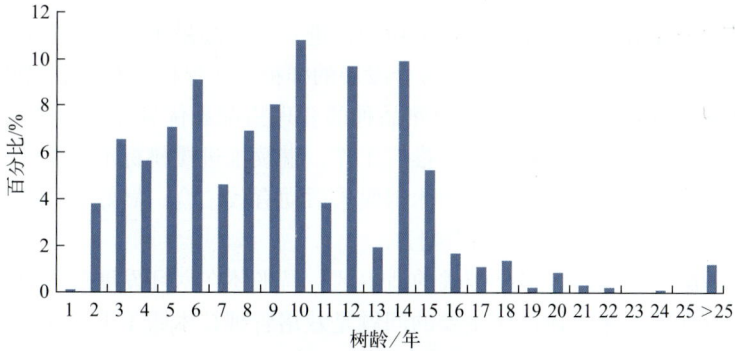

图1-27　北京地区不同树龄樱桃树面积分布

樱桃的产区分布较为分散，还有很多是小规模种植的樱桃园。北京市樱桃集中分布的产区介绍如下。

（1）海淀产区　主要分布在海淀四季青，还包括温泉、苏家坨、西北旺、上庄等地区，樱桃栽培面积有 1.5 万亩。栽培品种有红灯优系、美早、玉泉大红、早紫、大紫、那翁、拉宾斯、红丰、萨米托、雷尼、红艳、美红、巨红等百余品种。

（2）昌平产区　主要分布在昌平十三陵镇，还包括马池口镇、小汤山镇和南口镇等地，栽培面积已达到 0.9 万余亩。栽培品种有红灯、美早、早大果、拉宾斯、大紫、乌克兰 1 号、红艳、黑珍珠和雷尼等。

（3）通州产区　主要分布在通州西集镇和新华街道，还包括张家湾镇和潞城镇等地，樱桃栽培面积已有 1.1 万亩。该产区主要位于潮白河两侧的冲积平原，土壤为壤土，适合樱桃生长。栽培品种主要有早大果、红灯、雷尼、美早和布兰特等。

（4）顺义产区　主要位于顺义木林镇、龙湾屯镇、南彩镇、张镇和高丽营镇等地，樱桃栽培面积有 0.7 万亩左右。主栽品种有红灯、早红、拉宾斯、红艳、红蜜等。

（5）门头沟产区　主要位于门头沟的妙峰山、王平镇等地，樱桃栽培面积有 0.2 万亩左右。主栽品种有红灯、美早、拉宾斯、早大果、红蜜等。

二、北京樱桃主产区发展建议

未来几年可在近郊地区再发展樱桃 2 万～3 万亩，特别是通州、顺义和大兴区，距消费市场近，适合重点发展。新樱桃园主要应以高档观光采摘果园为主；也可适当发展一些设施樱桃，满足首都市民早春对新鲜果品的需求。

目前北京地区樱桃栽培较为分散，相对集中的产区有5个，主要包括海淀四季青产区、昌平十三陵产区、通州西集产区以及顺义北部产区，这5个产区的樱桃栽培面积已占到全市樱桃总面积的70%左右。

（1）海淀产区　该产区是樱桃栽培的最适区和适宜区，主要分布在海淀后山。该区是北京樱桃老产区，栽培管理水平高、产品价格高。最主要的问题是面临城市扩张，栽培面积不稳定。

建议今后主要在营销和品牌上再下功夫，进一步提高果园收益；全面建设高档观光休闲的樱桃园，努力打造一二三产融合发展的样板；在保持原有栽培规模的基础上，继续优化调整品种结构，做好早中晚熟品种的合理搭配和优良品种的选育引进工作；做好樱桃示范园建设和高效栽培技术推广工作，继续推进樱桃标准化生产；加大功能扩展力度，将采摘、美食、文化节和休闲娱乐活动有效结合；做好产区的品牌建设和宣传推广力度，进一步提升其市场影响力。

（2）昌平产区　该产区多是樱桃的适生区。昌平还在六环发展过樱桃，主要因管理不善而没有保留下来。该产区主要的问题是栽培管理技术跟不上，缺乏高标准的示范园，今后宜在示范园建设和技术培训上多做工作。

建议应加大对樱桃园的生产管理指导，坚持走精品化的发展之路，逐渐淘汰或更新一些低效果园；特别是注意做好幼树保护和早成花技术应用，做好旺树改造和丰产技术示范，为低效果园改造提供样板。同时，引进一些优质樱桃品种，加强绿色标准化生产，结合当地的优势旅游资源，走观光旅游、文化采摘的产业发展路线，充分地开发利用好当地的樱桃资源，更好地提升全区樱桃产业的整体发展水平。

（3）通州产区　该产区基本适合樱桃栽培，不过通州有不少土壤是过去种植水稻的黏性土壤，碱性也大，这些地区不适合栽培樱桃树。该产区有部分樱桃大树结果少，主要是因为果农没有掌握大树整形修剪的技术，需要加强管理。

建议今后重点建立高标准的示范区，全面提升本产区樱桃管理水平；积极推进樱桃产业向规模化、标准化、都市化、市场化和信息化方向发展的步伐，带动全区樱桃产业整体水平的发展，不断提升樱桃产业的综合效益。

（4）顺义产区　该产区主要樱桃园都在最适宜区内。顺义地区适合发展樱桃，将来可再发展0.3万～0.5万亩。重点发展高档精品果园，做好宣传和推介工作，提高樱桃收益。近年来龙湾屯等地新建了不少设施樱桃园，宜加强技术管理。

（5）门头沟产区　该产区主要位于樱桃的适宜区，但由于山区温差大，该产区的樱桃品质突出。今后应充分利用山区环境优势，大力发展有机樱桃生产，生产高档绿色的樱桃。同时积极扩大樱桃生产面积，打造山区樱桃生产基地，为山区发展，特别是低收入群体增收提供技术支撑。

甜樱桃新优良种高效栽培技术

第二章

甜樱桃新优良种简介

第一节　我国甜樱桃常见栽培品种比较

一、樱桃主要种类

樱桃在植物学分类上属于蔷薇科樱桃属，该属共有120多个种，栽培上使用的有欧洲甜樱桃、欧洲酸樱桃、中国樱桃和毛樱桃。樱桃栽培最早起源于中国长江流域，欧亚交界地带的黑海、里海周边，因此按原产地大致可分为欧洲系和东亚系两大类。欧洲各国对樱桃比较重视，栽培区从原产地先后扩展到意大利、德国、法国和英国等地，而后随着新大陆的发现传入北美。在长期的栽培过程中欧洲各国选出了大量优良品种，这些品种一般分为欧洲甜樱桃和欧洲酸樱桃两大类，其中甜樱桃个大味甜、栽培最多，而酸樱桃多用于加工。樱桃的英文名字为"cherry"，音译为"车厘子"，过去广州等地进口的樱桃都用音译名，现在再用"车厘子"已属不规范，但有些商家喜欢把进口的樱桃称为"车厘子"，其实"车厘子"就是樱桃，希望读者不要误解。

我国栽培的樱桃可分为5大种类，如图2-1所示。

二、我国甜樱桃栽培主要品种

我国栽培的樱桃90%以上用于鲜食，品种以我国的红灯最多，欧洲和美洲选育的品种以拉宾斯、先锋、早大果、美早、萨米脱等为主（表2-1）。我国过去红灯品种约占40%的面积和35%的产量，另外鲜食品种中，地方小樱桃品种约占10%～12%的面积和产量。近十几年来布鲁克斯等新品种栽培面积日益扩大。常见的樱桃品种如表2-1所示。

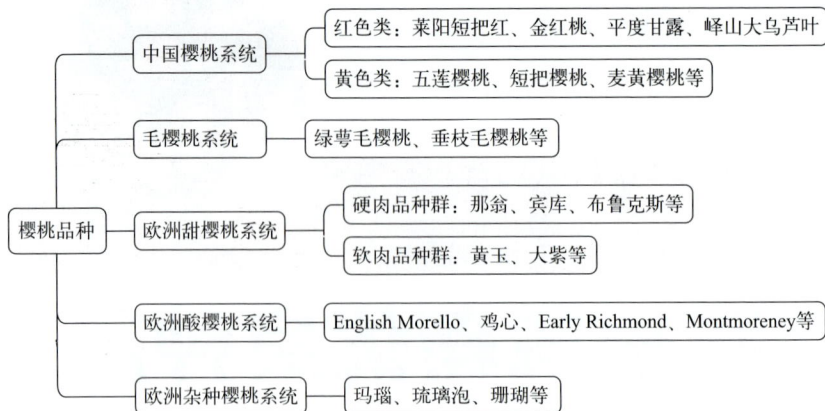

中国樱桃系统 ─── 红色类：莱阳短把红、金红桃、平度甘露、峄山大乌芦叶
中国樱桃系统 ─── 黄色类：五莲樱桃、短把樱桃、麦黄樱桃等

毛樱桃系统 ─── 绿萼毛樱桃、垂枝毛樱桃等

樱桃品种

欧洲甜樱桃系统 ─── 硬肉品种群：那翁、宾库、布鲁克斯等
欧洲甜樱桃系统 ─── 软肉品种群：黄玉、大紫等

欧洲酸樱桃系统 ─── English Morello、鸡心、Early Richmond、Montmoreney等

欧洲杂种樱桃系统 ─── 玛瑙、琉璃泡、珊瑚等

图2-1 我国栽培的樱桃

表2-1 我国栽培中常见的樱桃品种比较

品种名	来源	果形、色泽	单果均重/g	露地成熟期	备注
红灯	大连市农业科学研究院	肾形，紫红色	9.6	5月底	抗裂果、耐储运，长势旺，抗性强
美早	美国	宽心脏形，全面紫红色	11.5	6月上旬	最大15.5g，果个特大
早大果	乌克兰	心脏形，深红色	12	5月上中旬	早实、丰产
萨米脱	加拿大	长心脏形	10～12	6月中旬	果实特大，及丰产
布鲁克斯	美国	浓红色、有光泽	9.4	5月底	肉硬脆，含糖量高
明珠	大连市农业科学研究院	鲜红色	12.3	5月底	个大、甜、品质佳
福晨	烟台农科院	心脏形，鲜红色	10	5月中旬	早熟、个大、品质佳
红蜜	大连市农业科学研究院	底色黄，有红晕	6	6月上	极甜、花量大
莫莉	法国	短心脏形，紫红色	7	5月下旬	耐储运性稍差
芝罘红	山东烟台	宽心脏形，鲜红色	6	5月底	丰产性好，较耐储运
红艳	大连市农业科学研究院	心脏形，鲜红色	7	5月底	结果早、丰产强、品质更好
先锋	加拿大	肾形，紫红色	7.5	6月中旬	结果早、丰产稳产、抗寒耐储运
斯特拉	加拿大	心脏形，紫红色	11.5	6月下旬	系国际上首例育成的自花结实品种
拉宾斯	加拿大	近圆形、卵圆形，紫红色	7	6月下旬	自花结实、早果丰产、抗裂果、耐储运
甜心	加拿大	红色	9.5	7月上旬	自花结实、矮化（相当于拉宾斯的60%）
桑提娜	加拿大	椭圆形，紫色	10	6月上旬	自花结实

甜樱桃新优良种高效栽培技术

品种名	来源	果形、色泽	单果均重/g	露地成熟期	备注
塞来斯特	加拿大	红色	9.5	6月上旬	自花结实
萨姆巴	加拿大	紫色	10.9	6月中旬	自花结实
桑塔玫瑰	加拿大	紫红色	10.2	6月下旬	自花结实
左藤锦	日本	短心脏形、鲜红色	6.7	6月上旬	品质佳，易裂果
大紫	俄罗斯	阔心脏形、紫色	6	6月上旬	品质中上，果核大
那翁	不详	底色黄，有红晕	8	6月上中旬	欧洲老品种，甜脆
宾库	美国	宽心脏形、深红至紫红色	7.2	6月中下旬	耐储运
雷尼	美国	心脏形，黄底红晕	8.9	6月中旬	丰产优质，黄色品种
友谊	乌克兰	心脏形、红色	13	6月上中旬	早熟、丰产

注：表中成熟期为烟台地区的参考值，一般比北京晚7天左右。

烟台、威海、青岛等胶东半岛产区地处暖温带，兼有海洋性气候，是我国樱桃最适宜地区，也是我国栽培樱桃历史最悠久、面积最集中的地区。在胶东地区主栽的品种有美早、萨米脱、布鲁克斯、黑珍珠、艳阳、拉宾斯、先锋、红灯等。近年来以发展耐储运、个大的中早熟品种为主，今后也可适当发展特晚熟、黄色等品种。

大连地区也是我国樱桃传统产区，海洋性气候明显。目前主栽品种包括巨红、佳红、明珠、丽珠、美早、砂蜜豆、红灯等。该产区设施栽培技术发展较早，设施内栽培最多的品种为美早，另外红灯、佳红、明珠、萨米特、俄罗斯8号、状元红等也是设施内主栽品种。

鲁中、鲁西南和鲁西北的泰安、济宁、聊城等地近二十年来也发展了大量樱桃，这些地区成熟期比烟台早一周以上，主要以早熟品种为主。主栽品种包括红灯、美早、早大果、布鲁克斯、布拉、萨米特等。

陕西、河南、山西运城、甘肃天水等地是樱桃发展的新区，栽培中应用较多的品种包括吉美、龙冠、红灯、美早、萨米脱、艳阳等。

北京樱桃以早春采摘为主，所以发展的多为早熟品种。栽培最多的是红灯，其抗性强、早熟、品质高；美早，中晚熟，因个大价高也栽培较多；其他如早大果、布鲁克斯、萨米脱（授粉树）等也有一定栽培。

第二节　甜樱桃常见新优良种简介

一、早熟甜樱桃品种

1. 红灯

大连市农业科学研究院于1963年杂交培育，1973年审定。红灯（图2-2）是我国应用最广的早熟、大果型品种。北京地区5月中下旬开始成熟（本节中成熟期都是指北京平原地区参考时间），为我国甜樱桃的主栽品种之一。5月下旬开始采收，果实大，平均单果重9g，最大可达12g以上，肾形，整齐。果柄粗短，平均2.3cm，果皮紫红色，鲜艳有光泽，果肉肥厚。可溶性固形物含量17.1%，品质上。果实成熟早，较丰产，长势旺，抗性强，在我国栽培最多。缺点是果实硬度低，耐储运性较差。红灯是我国栽培最多的樱桃品种，因其个大、味美、抗逆性强，而在全国广泛栽培，尤其适合生态条件较差的产区。

近几年来由红灯选出的芽变"状元红"深受市场欢迎。该品种平均单果重可达11g，比红灯略大；成熟后紫红色，比红灯更容易成花，早期丰产性好。长势和成熟期与红灯基本一致。

图2-2　红灯

图2-3　早大果

2. 早大果

由乌克兰农业科学院选育，北京5月中旬开始采收，比红灯早熟3～5天，丰产，果实深红色，为心脏形（图2-3），平均单果重9～12g，最大可达18g，含糖量15%～20%，自花不实，早实丰产。果实成熟前遇雨易裂果。该品种红色时味偏酸，完全成熟时呈深红色或紫红色，口感酸甜浓郁。是特早熟品种中非常优良的大果型品种。

3. 瓦列里

该品种（图2-4）来自匈牙利，平均单果重7～9g，可溶性固形物含量16%～17%；在北京5月20日前后成熟。树体较大，长势强，抗寒性较强。瓦列里的果梗较粗，易与果枝分离。果皮深红色，果肉深红色并带白色条纹，半软，多汁。汁液浓，深红色，带宜人酒味。味浓郁，鲜食品质极上。果实发育期32～35天，比红灯早熟3～5天左右。连年结果，高产，是表现极为突出的早熟品种。

4. 冰糖樱

日本发现实生选育品种。该品种（图2-5）底色发黄，着色后呈红色，可溶性固形物含量可达28%，糖度极高且有冰糖味，所以称作冰糖樱。与红灯同期成熟。果实硬肉，短柄，成熟后树上挂果20天果肉不软，早实性、丰产性均强。比红灯大，单果重10～13g，是红蜜、黄蜜的2倍。质优、早果、丰产，树姿半开张，叶片浓绿，树势旺盛，早果性特好，果个大、红色、硬度好，极耐储运。可自花授粉，轻抗裂果，是优良的极有发展前景的品种，近年来在山东发展较快。

图2-4　瓦列里

图2-5　冰糖樱

5. 明珠（5-102）

明珠（图2-6）是大连市农业科学研究院选育的黄色早熟优良品种，成熟期与红灯一致，果皮底色浅黄，阳面鲜红色。大果型，平均单果重12.3g，最大14.5g，甜酸可口，品质佳。近年来观光采摘和设施内黄色品种深受消费者欢迎，明珠由于个大味美，具有良好发展前景。

图2-6　明珠

图2-7　早生凡

6. 早生凡

早生凡（图2-7）俗称早熟"先锋"，原产加拿大。平均单果重达8g，最大可达

12g。该品种果实呈肾形，大小较为均匀，果肉硬而脆，味道极美。果梗较短呈深绿色，耐储运。该品种树势中等，抗逆性好，树形紧凑，分枝较多，花量大，结果早，产量高。比先锋早熟 4～6 天，在北京成熟期与红灯接近，比美早成熟早。适宜的授粉品种为拉宾斯、宾库等。主要缺点是易裂果，成熟前降雨多的地区宜采用避雨方式栽培。

7. 伯兰特

伯兰特（图 2-8）原产法国，亲本不详，是世界广泛栽培的古老品种。该品种果实呈心脏形，属于大果型品种。果实红色，完全成熟后为紫红色、有光泽，果皮厚度中等，易裂果。果肉较软，果汁多，风味酸甜，味浓郁可口，品质优，半离核。北京地区 5 月中旬成熟，比红灯早 3～5 天。树体生长健壮，幼树直立，逐渐开张，早果性好，丰产。开花期居中，是品质优良的早熟品种。

图2-8 伯兰特

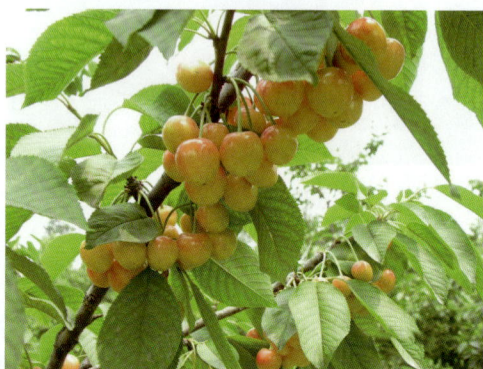

图2-9 黄蜜

8. 黄蜜

黄蜜（图 2-9）一般单果重 10g 左右，果肉透亮，为风味极佳的蜜甜型优良品种，自花结实，丰产并可作授粉树。该品种长势中庸，易形成花芽，如管理得当第二年可见果，2 月上旬开花，5 月下旬成熟，适宜北方地区、西部山区及保护地栽培。亩产可达 1500kg，经济效益较为可观。

9. 福晨

该品种由烟台农科院 2003 年杂交育成，2013 年定名。该品种果实鲜红色，心脏形，缝合线一面较平，果肉淡红色，硬脆；果个大，平均单果重 9.7g，最大单果重达 12.5g；可食率 93.2%，可溶性固形物含量达 18.7%。品质上、耐储运，果实发育期 30 天左右，比红灯早熟 7 天左右，果实成熟期在 5 月中旬。福晨可用美早、红灯、早生凡、早丰王、桑提娜等作授粉树。该品种是特早熟品种中个头最大的品种。

10. 早露（5-106）

大连市农业科学研究院选育的极早熟优系，5 月中旬成熟，平均单果重 8.65g，果实宽心脏形，全面紫红色、有光泽。肉紫红色，肥厚多汁，酸甜可口，含糖量可达18.9%，较耐储运。授粉品种有红灯、红艳、佳红等。

11. 莫莉（意大利早红）

原产于法国，极早熟品种，果实肾形，单果重 8～10g，可溶性固形物含量12.5%，含糖量 11.5%，果皮浓红色，肉较硬，风味酸甜。突出优点是成熟期极早，缺点是品质稍差，不宜大规模种植。

12. 秦樱 1 号

由陕西省果树所培育，极早熟品种，5 月上中旬成熟，成熟期比红灯早 7～10 天。果实紫红色，单果重 8g，味甜，汁多。异花授粉，较抗裂果病。

13. 早红宝石

乌克兰品种，极早熟品种，5 月上中旬开始采收，平均单果重 5g。果实阔心脏形，皮紫红色，易剥离。肉紫红、质细、多汁，酸甜可口。花后 27～30 天成熟。为目前最早熟的大樱桃品种。嫁接苗栽后三年结果。缺点是个头偏小，品质一般。

二、中熟甜樱桃品种

1. 美早

美早（图 2-10）由美国华盛顿大学于 1971 年杂交育成，原名 Tieton。是一个结果较早、品质好、耐储运的中熟品种。该品种最突出的优点是果实特大，平均单果重 9～12g，最大可达 18g。果形圆至宽心脏形，整齐，顶端稍平，果柄较粗。果面紫红色，光亮透明。美早果实可食率高，可达 92%，果肉脆而不软，汁多肥厚，酸甜可口，品质上等，含糖量达 17.8%，6 月中上旬成熟。在北京美早销售价格一直比红灯高。该品种生长健壮，但坐果率稍差，生产中宜加强花果管理。

图2-10 美早

2. 布鲁克斯

美国品种，中早熟品种，6 月初成熟。单果重平均为 9.4g，最大单果重 13.0g。布鲁克斯（图 2-11）果面光洁透亮，底色淡黄，果面呈鲜红色。果顶平，稍凹陷。果柄短粗，平均长 3.1cm。果肉紫红，肉厚核小，可食率 96.10%，肉质脆硬，含糖量 17%，含酸量低。需冷量明显低于红灯，适合于设施栽培。该品种生长势较强，较容易成花。

图2-11 布鲁克斯

主要缺点是遇雨易裂果，成熟期降雨多的地区可采用避雨栽培。

3. 大紫

原产俄罗斯，古老品种。大紫是一个果实呈紫红色、果肉软的中早熟品种。树势强健，树冠大，结果早。果实较大，单果重 6.0g，大者 9.0g 以上；心脏形至宽心脏形；果皮初熟时为浅红色，成熟后呈紫红色，有光泽；果肉浅红色至红色，质地软，汁多，味甜，可溶性固形物含量 12% ～ 15%；果核大，不耐储运。

4. 红蜜

大连农科院研究选育。是一个中果型、中早熟、质软、黄底红色品种。花量很多，最适宜作为授粉品种。红蜜的坐果率高，丰产。果实中等大小，平均单果重 6.0g，均匀整齐，果实为宽心脏形；果皮黄底，有鲜红的红晕；肉质较软，多汁，以甜为主，略有酸味，品质上等；可溶性固形物含量为 17%；核小，粘核，可食部分占 92.3%。成熟期在 6 月上旬，比红灯晚 4 ～ 5 天。

5. 红艳

由大连市农业科学研究院用那翁 × 黄玉杂交选育而成，中早熟品种。红艳（图 2-12）生长势较强，枝条开张，容易成花，芽的成枝力和萌芽率都比一般品种高。果实宽心脏形近肾形，整齐，平均单果重 8.0g；果皮浅黄色，阳面有鲜艳红霞；肉质较软，肥厚多汁，风味酸甜；可溶性固形物含量为 15.4%。成熟期在 5 月底至 6 月上旬，比红灯晚 3 ～ 4 天。采收时遇雨易裂果。

图2-12 红艳

6. 萨米脱

别名皇帝，原产于加拿大，中晚熟品种（图 2-13）。1988 年烟台果树研究所引进。果实特大，单果重达 10g 左右。果形长心脏形，稍长，果皮紫红色。含糖量 17.9%，酸 0.78%，风味浓厚，品质佳。雨后裂果较多，花粉量大，常作为优良授粉品种栽培。

7. 佳红

由大连市农业科学研究院选育，6 月上旬成熟。属于大个黄色品种（图 2-14），平

甜樱桃新优良种高效栽培技术

均果重 9.7g，最大可达 13g。果实宽心脏形，果顶圆平，较整齐。底色为黄色，阳面有红晕，有光泽，颜色美观。果肉较脆，汁多，酸甜适口，核小，品质佳，含糖量可达 18% 以上。该品种生长健壮，枝条较粗，萌芽力强，坐果率高。叶片较厚，宽大，深绿色。较容易成花，花芽大而饱满，早期产量高。可选用巨红、红灯等当作授粉树。

图2-13 萨米脱

图2-14 佳红

8. 香泉 1 号

香泉 1 号（图 2-15）由北京市林业果树研究院于 2002 年杂交选育，2012 年审定。果实近圆形，黄底红晕。平均单果重 8.4g，最大单果重 10.1g。果实可溶性固形物含量 19.0%，品质好。可食率 95.0%，可食率高。6 月上旬成熟，采收期为 6 月初到 6 月中旬。果实生长发育期 50 ～ 55 天。树姿较直立，树势中庸，花芽容易形成。香泉 1 号早果丰产，口感好，风味佳，花期晚，抗寒性强，具有较强的自花结实能力，综合性状优良。

图2-15 香泉1号

9. 俄罗斯 8 号

也有人称其为"含香"，是俄罗斯国家果木试验站 1993 年选育的大果型樱桃品种。

果实为宽心脏形，双肩凸起、宽大。成熟时果实颜色从鲜红色渐至紫黑色，有光泽，果肉甜，果柄长，果个较大，平均单果重12.9g，含糖量高，有浓郁的甜香味。大连地区6月上旬开始成熟。该品种成花早，结果早，树势中庸，枝条角度开张，枝条充实，抗寒能力特别强。果实硬度较大，裂果轻，较耐储运。成熟后挂果时间长，也可用于观光采摘和设施栽培。

10. 彩虹

图2-16 彩虹

彩虹是由北京市林业果树研究院实生选育的品种，亲本不详。彩虹底色发黄，成熟时有红晕，完全成熟后为橘红色，颜色靓丽（图2-16）。果个较大，呈扁圆形，单果重平均为8.0g，最大单果重可达10.5g，含糖量19.4%。果肉黄色，脆，汁多，风味酸甜可口。北京地区6月上中旬成熟，成熟期介于红蜜和雷尼之间，在树上维持时间可达半月，较适合观光采摘。树姿较开张，早果丰产性好，自然坐果率高，树体和花芽抗寒力均较强。

11. 芝罘红

山东烟台芝罘区发现的自然实生品种，果实平均重6.0g，大者9.5g；宽心脏形；该品种的果梗长5～6cm，果梗粗，不易与果实分离；果皮鲜红色，富光泽；果肉较硬，浅粉红色；果汁较多，酸甜适口，含可溶性固形物16.2%，风味佳，品质上等；果皮不易剥离，离核，核较小，可食部分达91.4%。芝罘红6月上旬成熟，比大紫晚3～5天。

12. 佐藤锦

由日本山形县东根市的佐藤荣助用黄玉×那翁杂交选育而成，是日本最主要的栽培品种。该品种是一个果实呈黄色、硬肉、中熟的优良品种。树势强健，树姿直立。该品种单果重平均为6.5g，属于中大果型，短心脏形；该品种底色发黄，上色后有鲜艳的红晕，光泽靓丽；佐藤锦果肉白色，可食率高，含糖量可达18%，品质极佳。果实耐储运。果实成熟期在6月上旬。佐藤锦适应性强，品质高，缺点是果个一般，在我国栽培面积不大。

13. 雷尼

美国主栽品种，该品种花量大，可作授粉品种。雷尼（图2-17）单果重达8.0g，最大可达12.0g，是大果型品种；雷尼果皮底色黄色，着色后呈鲜红色红晕，颜色艳丽美观，属于大果型品种；果肉白色，质地较硬，可溶性固形物含量达15%～17%，风味好，品质佳；离核，核小，可食部分达93%。该品种耐储运，具有一定的抗裂果能力，既可鲜食也可加工。成熟期在6月上中旬。雷尼是黄色品种中优点突出的品种，长势健壮，不少地区当作授粉品种栽培。

图2-17　雷尼

14. 抉择

果实大，平均单果重11～13g，果圆形至心脏形，皮紫红色，质细、多汁、酸甜可口，果核小，半粘核，鲜食品质佳。抉择具有较强的适应能力，在土层深厚、排水良好的沙性土壤中表现更好。

三、晚熟甜樱桃品种

1. 那翁

欧洲栽培古老品种，起源不详。果实中大，单果重5～7g，心脏形。该品种的果皮黄色或乳黄色。着光后果面有红晕，稍有光泽，那翁的果肉呈米黄色，果肉较硬，汁较多，味甜可口，品质佳。6月中旬成熟。主要缺点是成熟前遇雨容易产生裂果现象。

2. 拉宾斯

加拿大品种，能自花授粉结实，树姿较直立，耐寒。拉宾斯的花粉量大，在我国常被当作授粉品种使用。拉宾斯比较容易成花，早期丰产。该品种（图2-18）属于大果型；果实底色发红，完全成熟后呈深红色，甚至紫红色，有光泽，果实美观；拉宾斯硬度较大，较耐储运，果汁可口，可溶性固形物含量16%，品质上等，成熟期在6月中下旬。

图2-18　拉宾斯

3. 先锋

先锋（图2-19）是加拿大品种。该品种枝条粗壮，长势较强，不过其成花容易，丰产。花粉量大，在生产中经常被当作授粉品种使用。先锋单果重达8.0g，最大超过10g；果实呈肾形，浓红色，光泽艳丽；果肉呈红色，肉质肥厚，果肉脆，硬度大，果汁多；含糖量17%，甜酸比例适当，口感好，品质高，可食率92.1%；该品种果皮厚，韧性强，抗裂果，较耐储运。成熟期在6月中下旬。

图2-19 先锋

4.宾库

宾库（图2-20）原产于美国，1875年美国选出的实生良种。该品种是美国和加拿大栽培最多的甜樱桃。宾库树势强健，枝条直立，树冠大，树姿开展，以花束状果枝结果为主。宾库6月中旬成熟，果实较大，平均单果重7.2g；果形宽心脏形，梗洼宽深，果顶平，近梗洼处缝合线侧有短深沟；宾库浓红色，外形美观，果皮厚，耐储运；质地脆硬，汁较多，淡红色，核较小，甜酸适口，品质优良。该品种较丰产，适应性强，采前遇雨有一定裂果现象。

图2-20 宾库

图2-21 甜心

5.甜心

晚熟品种，果实圆形，平均单果重8.5g，果皮红色，果肉极硬，风味好，抗裂果，

甜樱桃新优良种高效栽培技术

耐储运，树形紧凑，果实较先锋晚熟 20 天。智利发展较多，是一个不错的晚熟品种。如图 2-21 所示。

6. 艳阳

该品种来自加拿大，由先锋和斯坦拉杂交培育而成。果实近圆形，果形端正，果个大，平均单果重达 11g。艳阳果皮颜色为红色，充分成熟后变为深红色。果肉肥厚、脆硬，酸甜多汁。该品种 6 月中旬成熟，较丰产，品质优，较耐储运。

7. 黑珍珠

烟台农科院于 1999 年在萨姆中发现的优良变异单株，2010 年审定。该品种个大、紫黑色，果实呈肾形，平均单果重 11g，最大 16g。果肉硬脆，可溶性固形物含量达 17.5%。该品种长势较旺，成花容易，比较丰产。6 月中下旬成熟，是晚熟品种中特点较为突出的品种。

8. 友谊

乌克兰品种，6 月中下旬开始采收，果实为心脏形，深红色，平均单果重 10.7g，含糖量 15.33%，酸甜适口，品质佳，早实丰产。

第三章

甜樱桃建园定植技术

第一节　北京地区甜樱桃适宜产区

甜樱桃起源于欧洲，对环境条件要求较为严格，适宜温度较高的暖温带和海洋性气候。北京地区属于寒温带，冬季寒冷，樱桃栽培受到很大限制，科学规划北京地区适宜樱桃产区对于樱桃发展非常必要。

一、甜樱桃对气候环境条件的要求

甜樱桃对温度条件要求比较严格，适于在年平均温度 9～14℃的地区栽培，10～12℃范围内最好，冬季发生冻害的临界温度为-20℃。一年中，要求平均气温高于 10℃的时间为 150～200 天（表 3-1）。甜樱桃是喜光性果树，年日照时数最适为 2600～2800h。甜樱桃对土壤水分很敏感，适于年降水量为 600～700mm 的地区。甜樱桃最适于土层深厚、土质疏松、通透性好、保水力强的沙壤土。

表3-1　樱桃主产区生态适宜区划一般指标（北方地区，张福兴等，2016）

生态适宜性条件	气候因子					土壤因子
	年平均温度/℃	极端低温/℃	0～7.2℃需冷量/h	≥10℃积温/h	年日照时数/h	年降水量/mm	pH值6～7.5
适宜区	9～14	-20	600～1400	3900～5000	≥2400	<1000	
次适宜区	7～9/14～15	-23	400～800	3600～3900/5000～5500	2000～2400	1000～1300	pH值5～6/7.5～8

二、北京甜樱桃适宜区划指标确定

北京地处樱桃分布的北界，总体上都不太适合樱桃生长。本节根据北京气候条件和樱桃生产实际来选取区划指标和评分标准，并在此基础上确定北京地区的适宜区，相关指标并不适合进行全国樱桃适宜性评价，也不适合抗寒性较差的某些品种。

北京地区影响樱桃分布的主要因子和相关指标的评分标准可见表3-2，根据分析结果确定综合评价值，将其依次划分为北京地区樱桃最适宜、适宜、一般适宜、不适宜和最不适宜5个等级。

表3-2　北京樱桃农业区划指标和评分标准

区划指标	指标范围	评分/分
年平均气温/℃	≥11.5	40
	9～11.5	20
	7～9	10
	6～7	0
	<6.5	−5
1月平均气温/℃	>−6	15
	−6～−7	10
	−7～−8	5
	<−8	0
日照时数/h	≥2600	10
	2500～2600	8
	2400～2500	5
	≤2400	0
坡度/%	0～6	15
	6～12	10
	14～20	5
	>20	0
年降雨量/mm	>700	10
	600～700	15
	500～600	10
	≤500	5
土壤质地	黏土	0
	壤土	10
	沙壤土	15
	沙土	5
海拔高度/m	0～60	20
	60～300	15
	300～600	0
	≥600	−5

三、北京地区甜樱桃适宜产区分布

分析表明北京地区甜樱桃的适宜产区分布主要集中在中东部和南部平原，不适宜栽培地区主要在西部和北部高海拔地区。

（1）最适宜产区　北京地区甜樱桃的最适宜产区主要分布在平原地区（图3-1），昌平山前暖带、门头沟妙峰山、密云河谷盆地也有一小块最适樱桃栽培的区域（图3-2）。该产区面积约占全市总栽培面积的一半，其中海淀西北部是北京樱桃老产区，通州西集和顺义龙湾屯镇等地是樱桃的新产区，樱桃栽培面积较大。该产区海拔一般在60m以下，年均气温在10℃以上，一月均温在-6℃以上；无霜期在185天以上；降雨量多数在550～600mm。其中通州部分土壤碱性过大，对樱桃生长不利。大兴多数都是沙性土壤，不利于保水保肥，春季和初夏需要及时浇水。

图3-1　北京平原地区某樱桃园

图3-2　北京山区某樱桃园

（2）适宜产区　主要分布在西部、北部的山前暖带，大石河、永定河的河两岸也有部分适宜产区。该产区海拔一般在300m以下，年均气温8～10℃，1月平均气温在-7～-6℃，无霜期在180～185天，降雨量在600mm左右。该产区分布樱桃较多，约占全市种植面积的40%左右。虽然不是最适产区，但由于多数处于山前暖带和浅山河谷地区，昼夜温差大，所以生产出来的樱桃品质最好。

（3）一般适宜区　主要分布在适宜区的外围高海拔地区，东部浅山部分地区属于一般适宜区，延庆河谷也有部分一般适宜区。该区域主要是海拔300～600m的山区，年均气温多数在6.5～8℃，1月平均气温在-8～-7℃，降雨量一般500～600mm，个别地方受小气候影响，降雨超过600mm。该区域虽然可以栽培樱桃，但由于冬季过于寒冷，需要常年保护，并且樱桃树容易流胶和早衰，因此实际樱桃栽培面积很小。

（4）不适宜和最不适宜区　主要位于北京高海拔的山区，由于温度低、土层薄，不适于樱桃生产。

第二节 甜樱桃授粉品种搭配

一、甜樱桃自交不亲和的特性

正常管理条件下甜樱桃3～4年开始成花，6～7年时进入盛果期。矮化砧木成花结果一般能提前2～3年，另外大苗定植也能提前结果。大樱桃绝大多数品种为异花结实，需要配置授粉树。樱桃雌雄配子交配不亲和可产生自花不实现象。雌雄配子交配亲和性受一对S等位基因控制，因此在授粉树配置上一定要选择不同的基因型进行搭配，常见栽培品种的S等位基因型可见表3-3。自花不实是植物在长期的演化过程中形成，为尽可能开展基因交流而产生的一种有益生殖策略，但这种现象为樱桃栽培带来一定困难。目前国外也选育了不少自花结实品种，在我国引种的有桑提娜（Santina）、拉宾斯（Lapins）、艳阳（Sunburst）、甜心（Sweetheart）、塞莱斯特（Celeste）和早星（Early Star）等（图3-3）。同时花期一致也是确保授粉的重要条件，另外，树体储藏营养不足、晚霜、干旱等也会引起坐果率降低，在生产中要予以重视。

表3-3 常见樱桃品种的基因型（李淑平，2007）

基因型	品 种
S1S2	萨米脱、斯帕克里、大紫、巨早红
S1S3	先锋、雷吉娜、Gil peck、Olympus、
S3S4	宾库、那翁、兰伯特、Ulstar、
S2S3	胜利、马苏德、林达、琥珀、维克托（Victor）
S3S6	红蜜、5-106、黄玉、南阳、佐藤锦、宇宙
S1S4	雷尼、塞艾维亚（Sylvia）、Black Giant、
S6S9	8-102、Black Tartarian E
S2S4	卡塔林、马格特、萨姆、斯克奈特、莫愁
S3S9	红灯、美早、布莱特、莫莉、早红宝石、抉择、红艳
S1S9	奇好、早大果、极佳
S4S9	龙冠、巨红、8-129、友谊

二、主栽品种选择

1. 消费者偏爱"早、大、红、甜"品种

如何选择好的品种、获得较高收益是种植者建园时最头疼的问题。我国消费者对樱桃的偏好是"早、大、红、甜"。樱桃5月即可上市，这时其他水果还未成熟，消费

桑提娜

艳阳

甜心

拉宾斯

图3-3　部分自花结实品种

者需求量大，价格最高，可达晚熟品种价格的 2 ～ 3 倍。樱桃本身果个小，如中国樱桃单果重不到2g，除去果核，果肉所剩无几，所以现在基本已无人栽培。大果型樱桃一直深受人们青睐，如美早自身品质并不是最好，但因其果个大，一直深受市场欢迎。我国消费者喜爱红色水果，在国内樱桃红色品种一直都是主流。近年来随着多样化、个性化消费的兴起，黄色品种也开始受到重视。中国人爱吃甜水果，这一点与国外有较大区别，对国外引进樱桃中偏酸的品种不宜大面积发展。

2. 因地制宜选择品种

对不同地区来说在品种选择上也有所差异。烟台、大连地区属于海洋性气候，物候期晚，极早熟品种成熟期也比其他地区晚一周以上，所以不宜选择；可在当地早熟、中早熟品种为主的基础上，适当选择部分晚熟品种，特别是硬肉、耐储运的品种，结合采后保鲜技术，可延长樱桃货架期。鲁西南、鲁西北、河南中部、陕西关中地区升温快，宜以早熟、个大品种为主。北京、天津、济南等大城市周边多以观光果园为主，早中晚品种最好搭配种植，可多栽培一些品质好、色泽风味多样的品种，对果实硬度、

甜樱桃新优良种高效栽培技术

耐储运性不必要求过高。设施栽培时应以需冷量低的早熟和中早熟品种为主，这几年人们对设施内黄色品种的需求有所增加。另外，在海拔高、冬季寒冷地区宜选择长势旺、抗性强的品种，如红灯等。

3. 新品种慎重选择

育苗商家经常宣传新品种，以获得更高的利润，生产者应仔细辨别、慎重选择。一般而言，新品种多数不是好品种，一个好的品种需要育种人员十几年甚至几十年的潜心选育试种，怎么可能年年出那么多的好品种呢？新品种有的优点片面，综合性状不高；有的新品种没有经过在当地长期试种（一个生育周期需要二三十年，至少也需要十年才能确定是否适合当地），可能不适合当地气候条件；有的新品种仅仅是物以稀为贵，大面积栽培后价格不如宣传的那么高。对于普通生产者而言，最好选择在当地已经栽培多年，表现优良的品种，市场上出现的新奇品种可少量引种，观察比较。

4. 综合考虑、合理搭配

品种选择后一般十几年，甚至二三十年不能改变，因此要综合考虑市场、立地条件、未来趋势、个人能力等多种因素。最好通过咨询专业人士，获得指导意见。在品种搭配上以早熟为主，一般占 50% ～ 60%；中熟品种占 20% ～ 30%；晚熟品种占20%。晚熟品种一般选择易成花、花粉量大，和主栽品种亲和性好的品种，主要作授粉品种用。

三、主要品种适宜授粉品种搭配

一般果树同一品种的花粉落到该品种花的柱头上，花粉不能正常萌发，或坐果率低，产量不理想，这就是自花不实现象。樱桃品种绝大多数都是严重自花不实的，所以要配授粉树，同一果园至少要有三个品种，相互之间花粉都有亲和性，其中一个是专用授粉品种。甜樱桃对授粉品种有一定的选择性，只有花期相遇、花粉亲和力强的品种才能当作授粉品种（表3-4）。如宾库与那翁授粉后的坐果率为 6%，宾库与黄玉高达 77.5%，大紫以宾库作授粉树后其授粉后的坐果率为38.4%，而大紫为宾库授粉后坐果率达 69%，因此选择授粉品种时要综合考虑。另外为确保授粉效果，在樱桃栽培生产中常配两种授粉树，即一个樱桃园至少需要有三个品种，且相互之间能授粉，授粉树的搭配比例不能少于 20%。樱桃有个别品种能够自花授粉，如伯兰特、拉宾斯、斯坦拉、艳阳等，当然有授粉品种坐果率更高。

授粉品种一般占 20%，此时可采用行列式栽培，以便于管理。当授粉品种只有10% 时宜采用中心式定植，即 1 株授粉树周围有 9 株主栽品种。无论何种方式定植，主栽品种与授粉品种之间的距离不宜超过 12m，否则授粉效果不佳。

表3-4　大樱桃授粉品种搭配

主栽品种	授粉品种
早红宝石	红灯、抉择、极佳、维卡、先锋
早大果	红灯、先锋、拉宾斯、友谊、胜利、雷尼
岱红	大紫、抉择、拉宾斯、宾库
红灯	红艳、红蜜、早大果、先锋、那翁、萨米脱、拉宾斯
布鲁克斯	红灯、美早、拉宾斯、雷尼
大紫	红灯、芝罘红、那翁、早紫、紫樱桃
早生凡	红灯、宾库、拉宾斯、意大利早红、布莱特
意大利早红	红灯、拉宾斯、先锋、萨米脱、那翁、大紫
早丹	雷尼、红灯、先锋
芝罘红	大紫、那翁、宾库、红灯、红蜜、红丰
雷尼	先锋、红艳、拉宾斯、红蜜、宾库、那翁
龙冠	先锋、红蜜、3—9
佳红	巨红、红灯
红艳	红灯、佳红
5-106	红灯、红艳、佳红、8—129
8-129	红灯、雷尼、红艳
抉择	早红宝石、红灯、先锋、拉宾斯、红蜜
美早	萨米脱、先锋、早大果、拉宾斯、巨红、雷尼
桑提娜	美早、黑珍珠
那翁	大紫、红灯、红蜜、红丰
先锋	萨米脱、砂蜜豆、那翁、宾库、雷尼、拉宾斯
萨米脱	红灯、先锋、拉宾斯、佐藤锦、雷尼
宾库	大紫、雷尼、先锋、红灯、拉宾斯、斯坦勒
拉宾斯	大紫、宾库、先锋、红灯、雷尼
甜心	先锋、拉宾斯
红手球	佐藤锦、那翁、红秀峰
红丰	那翁、大紫、晚黄
砂蜜豆	美早、佐藤锦、南阳、滨库、先锋
大地红	红灯、美早、黑珍珠、冰糖樱
艳阳	拉宾斯、红南阳、斯坦勒、红灯、佳红
巨红	红灯、佳红

甜樱桃新优良种高效栽培技术

第三节　甜樱桃定植

一、栽培密度和形式

1. 合理密植

种植密度确立是果园规划的一项核心内容，一般来说要做到科学密植，主要根据砧木类型、立地条件和种植水平三个方面来考虑。乔化砧木密度要小，矮化砧木密度要大；山地果园密度大，平原地区密度小；管理水平高可高密度栽培，技术水平低宜常规管理。我国樱桃过去大力发展乔化密植，然而当进入盛果期后树冠郁闭，成花减少，产量品质都下降。乔化樱桃树在平原地区可按 3m×4m 定植，在山区可加密20% ～ 30%（图3-4），这种株行距宜选用纺锤树形。近年来还出现了利用主干形超密植栽培的新种植模式（图3-5）。

图3-4　山区乔化密植樱桃园

图3-5　平原超密植樱桃园

2. 栽植形式选择

栽植形式，即不同樱桃树排列在一块的形状。合理的栽植形式可以更加有效地利用土地空间、光能，也能提高管理效率。栽植形式（图3-6）主要和株行距有关，常用的栽植形式有：

（1）长方形栽植　主要用于平原、5° 以下的缓坡、滩地果园，行向多为南北向，行距大于株距 1 ～ 2m。

（2）等高栽植　在山坡地，特别是大于8° 的陡坡应构筑梯田，实行等高栽培；大于15° 的山地还要建护坡，以防梯田垮塌。等高线垂直于坡地，果树以株距沿各条等高线延伸栽植，等高线之间的距离为行距。

此外还有正方形栽植、三角形栽植和带状栽植。

3. 做好排水设计

樱桃树特忌水涝，定植前需要做好排水，对于地势低洼、黏土地、盐碱地等尤其

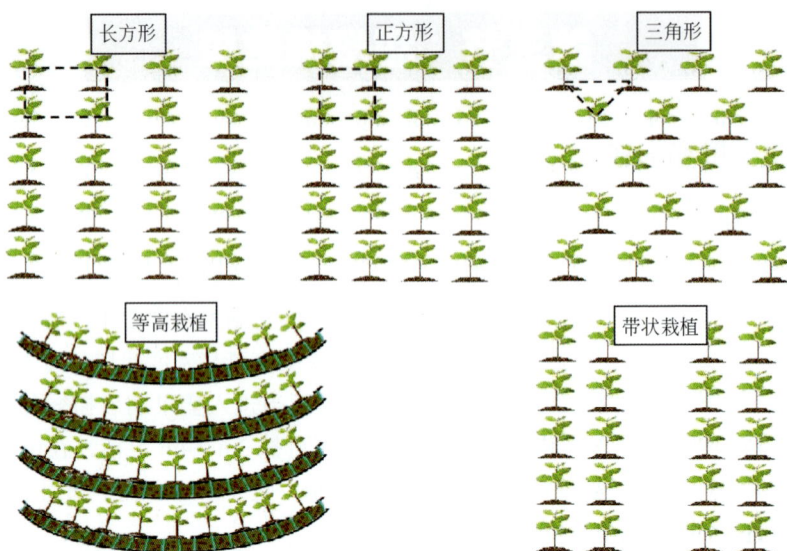

图3-6　不同类型果园栽植形式

重要。在生产中提倡采用高畦或起垄栽培，如图 3-7 所示。畦一般高 40 ～ 60cm，垄高 50 ～ 70cm，也有的做到 1m 以上。高畦（或高垄）既有利于排水，又可改良土壤，增加土壤通透性，对樱桃生长非常有利。在冬季这种栽培方式更容易产生冻害，所以寒冷、干旱地区不宜采用。高畦栽培时先做畦，再栽树，以免根系过深，影响根系呼吸。

图3-7　樱桃高畦和起垄栽培示意图

做畦和起垄栽培均不利于机械操作，为方便机械可采用暗沟排水（图 3-8），即通过暗沟将水汇到排水沟，排出果园。山坡地、丘陵果园应结合地势做好排水，坡度较缓时可让水直接流入排水沟（图 3-9），坡度大的山地需要构筑梯田，再结合纵向的集水沟排水。

甜樱桃新优良种高效栽培技术

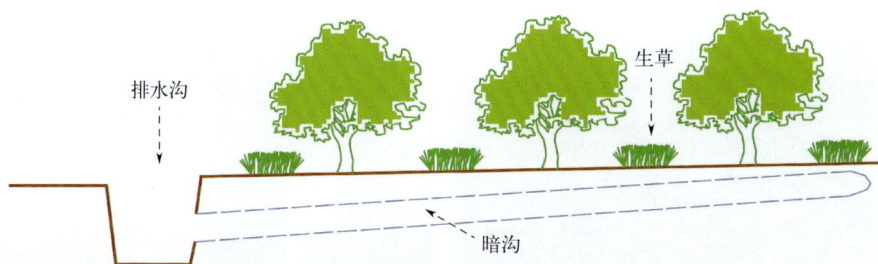

图3-8　平地暗沟排水

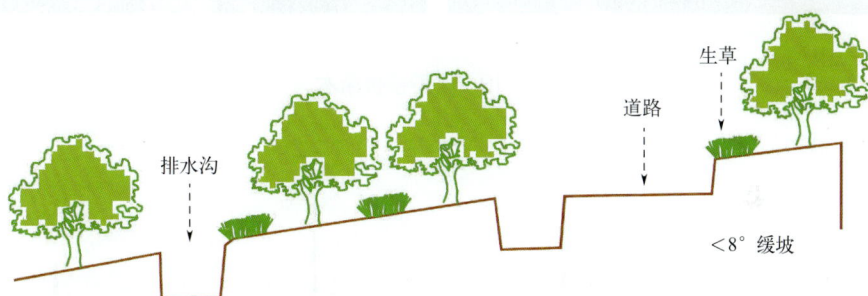

图3-9　丘陵、缓坡排水沟设置

二、定植技术

1. 挖坑定植

　　樱桃果树建园种植时期可分为春栽和秋栽两个时期。我国北方地区冬季严寒、早春风大、干燥，通常宜在苗木萌芽前后进行春栽，以防发生越冬冻害和早春抽条等问题。最好选用大型健壮苗木定植（图3-10），三年根或四年根有分枝的大苗最好，这样能提前结果；选择大苗最好是大型营养钵苗或带土球苗。

　　定植前要挖好定植穴（图3-11）或定植沟（图3-12），樱桃树的定植穴一般0.6～0.8m见方，挖穴时表层土置一边，深层心土放另一边，将表层土和腐熟有机肥掺匀后回填到底层，以改良土壤。然后在上面再覆盖一层心土，以防止根系和肥料接触后烧根。然后按建园的品种搭配计划，将种植的苗木放在栽植穴边，根系一定要蘸K84预防根瘤病（图3-13）。

　　在定植穴上挖一个小穴，以稍大于小苗根系大小为宜，小穴的底部呈馒头状；将苗木放入小穴中，在南北方向上标定好树苗的位置；然后边填土，边向上稍稍提苗，边踏实土壤，直至低于地表2～3cm。在种植过程中要注意苗木的深度，最好的深度是浇水下沉后根颈回落到原来高度。实生砧苗木的嫁接口要略高于地平面；营养系矮化苗（不适合寒温带和山区栽培）与品种的嫁接口需要高出地平面10cm以上。

(a)

(b)

图3-10 大型樱桃苗木

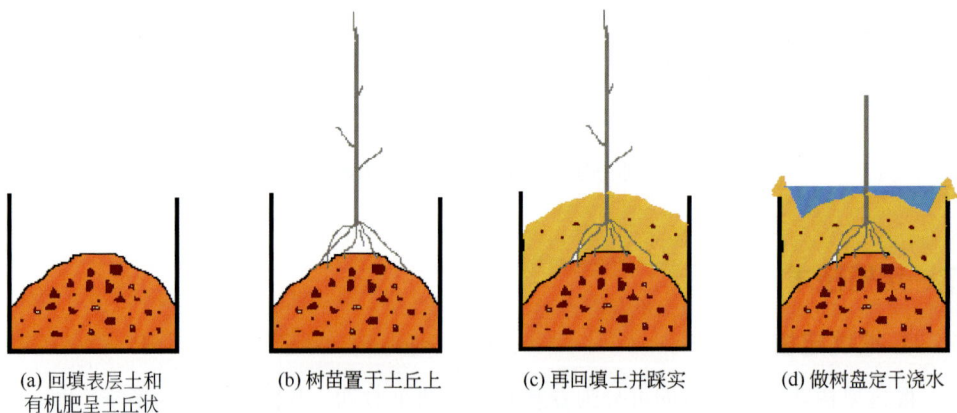

(a) 回填表层土和
有机肥呈土丘状

(b) 树苗置于土丘上

(c) 再回填土并踩实

(d) 做树盘定干浇水

图3-11 果树定植过程

图3-12 机械挖的定植沟

图3-13 蘸K84预防根瘤

甜樱桃新优良种高效栽培技术

2. 苗木定干

对已栽好的树苗要及时定干，一般在栽完后进行，也有的在栽植前就剪截定干。定干高度要根据苗木大小和砧木类型确定，一级大苗定干高度要高些，小弱苗定干高度要低些，剪口都要选在饱满芽上。乔化果树苗定干高度一般为 80～100cm，矮化苗为 60～80cm，这些定干高度均包括 15～20cm 的整形带。为增加主枝数量，一般在苗的中上部刻芽（图 3-14），刻芽位置在整形带下面，每株刻 3～5 个芽；刻芽后再涂抹抽枝宝，促进发枝效果更好（图 3-15）。对于特殊栽植方式的苗木，定干高度可视具体情况而定。另外定干后最好及时套薄膜袋，以防抽条（图 3-16）。

图 3-14　对新定植的幼树刻芽

图 3-15　涂抹抽枝宝

图 3-16　樱桃苗定干后套薄膜袋

3. 浇水保墒

栽后的浇水保墒是确保苗木成活的关键，北京地区春季干旱，一定要及时浇水。在定植前要阴透定植穴，定植后随即要浇定植水并覆盖白地膜（图 3-17）。果树定植水要浇透，但春季浇水过于频繁影响地温，不利于缓苗。定植水后数天当小苗发出新叶，表明根系开始恢复生长，苗已缓转，这时要浇 1 次大水，称为缓苗水。植株缓苗后，根系进入快速生长期，这时根际环境的好坏，会对根的发生

图 3-17　幼苗浇水后覆盖白地膜

发展产生显著影响。根际缺水也直接影响根的发展，及时补水是必要的。对于当年种的树苗宜用塑料袋套上，防止抽条，也能促进枝叶的生长，当新枝长到 5 ～ 10cm 时就要及时解膜，先上部开口，过两三天再全撤掉。最好在浇两三遍水后覆盖黑地布，这样既可保墒，又能增加地温，还能抑制杂草（图 3-18）。定植后秋季可起垄，以固定根系（图 3-19）。

图3-18　定植后覆盖黑地布

图3-19　起高垄栽培

三、后期管理技术

1. 幼树补栽

春季发芽以后，要认真检查苗木的成活情况，对于死亡的苗木要查清原因，及时补栽。可在苗木定植时假植一些苗，翌年利用假植苗进行补栽。当年补栽一般是利用田间假植的备用苗，在当年雨季的阴天采用带叶、根系带土团的苗木，随挖随进行补栽，也可以在当年晚秋或来年发芽前进行补栽。补栽的苗木，其砧穗组合应与死株的相同，树龄也应一致，以保持园貌整齐。

2. 幼树防寒和防抽条措施

北京等地区冬季寒冷，早春常有霜冻，空气干燥，风沙也大。而樱桃幼树的抗寒性差，所以容易发生冻害和抽条现象，应搞好冬季防寒工作。幼树应保护 2 ～ 3 年，在幼树入冬前在树干上缠一层地膜是最好的防抽条措施（图 3-20），也可以捆包一些稻草，春季再解掉，或在树干基部培土，以保护根颈，翌年再将土撤掉。第二年和第三年宜采用防抽剂、凡士林、动物油脂等，防止抽条。以后每年最好在落叶后用机油乳剂全树喷洒（图 3-21），既可防介壳虫，也可减少树体水分散失。入冬前灌 1 次水可减少幼树抽条，同时要增加磷钾肥的施用量，提高树体的营养水平。夏季摘心也可防止抽条。

3. 中耕除草

幼树根系浅，杂草的生长会严重影响根系对养分和水分的吸收，所以幼树要及时中耕除草（3-22）。当缓苗水下渗后，人能够进地时，就可以进行中耕。中耕可以疏松土壤，清除杂草，还具有保水、缓温、增肥效、防病虫等功能。现在提倡株间覆盖黑地布，既能保墒，也能防止杂草。

甜樱桃新优良种高效栽培技术

图3-20 樱桃定植后当年和第二年全树缠膜保护

图3-21 樱桃树喷机油乳剂防抽条

图3-22 幼树中耕除草

4. 病虫害防治

　　幼树最怕金龟子和象鼻虫危害，因为叶片少，一旦危害就会对幼树造成很大损失。可以在果园悬挂杀虫灯来诱杀金龟子，另外为防止金龟子和象鼻虫等危害，夏秋季还要注意防治卷叶虫、毒刺蛾等害虫及穿孔病等侵染性病害。樱桃树结果后还要注意防止鸟害，最好使用防鸟网（图3-23）。樱桃遇雨容易裂果，可采取避雨栽培措施予以防治（图3-24）。

图3-23 搭建防鸟网

图3-24 避雨栽培

第四章

甜樱桃土肥水管理技术

　　土壤管理是樱桃生产的基础，也是实现樱桃优质高产的基础。土壤就是樱桃的"嘴"，一切肥料、水分都是先进入土壤后才能被樱桃树吸收利用，因此应管好樱桃的"嘴"，不要让樱桃"吃到"生的、脏的、有毒的和有害的东西。土壤还是樱桃的"胃"，一切肥料都要经过土壤的消化、分解，成为离子状态，最后才能被樱桃根系吸收。因此只有土壤健康，樱桃树才能健康生长。

　　合理施肥是优质丰产的基础，特别是根据樱桃生长特性，制订科学施肥方案对樱桃生产非常关键。自己制作并使用高温发酵有机肥是改良土壤和提高樱桃内在品质的有效途径，笔者结合个人实践，进行了专门介绍。樱桃根系浅，忌旱又忌涝，因此需要在水分管理上特别注意。

第一节　土壤管理制度

一、生草的作用

　　果园生草是果园现代化生产的重要标志，也是生产出高品质樱桃的关键性技术之一。生草是实现果园可持续发展的物质基础，特别是进行绿色、有机生产的果园必须进行生草栽培。生草栽培主要的作用如下。

　　（1）增加土壤有机质含量　虽然草在生长过程中会从土壤中吸收养分，但草的地下根系腐烂后所有吸收的养分都会回归土壤，通过草叶片合成的碳水化合物会转变成有机质，持续改良土壤。一般来说生草的果园每年需要割草 5～7 次，每年可让土壤有机质增加约 0.1%。

　　（2）改良土壤的结构　草的根系死亡后会形成天然空隙，有利于水分和空气的贮存，从而可提高土壤通透性。生草后的果园为蚯蚓提供了丰富食物，蚯蚓数量会大量增加，蚯蚓能够改善土壤的团粒结构，改良土壤的理化性质。

（3）改善果园小气候　甜樱桃起源于欧洲，对我国夏季炎热、冬季寒冷的大陆性气候适应性差。生草果园通过叶片遮挡和水分蒸散，在夏季可显著降低果园和土壤温度，调查发现生草樱桃园空气温度可降低 3～5℃，而土壤温度可降低 5～7℃。在冬季厚厚的草甸等于为果树盖上了"棉被"，从而有效增加了冬季土壤温度。因此生草果园对于改善樱桃园小气候具有非常重要的意义。

（4）改善果园的生态平衡　生态系统平衡和稳定首先取决于系统的生物多样性，果园生草以后以草为食的各种昆虫就会迅速增加，包括各种害虫的天敌也会越来越多，为生物防治提供基础。生草果园行间交替割草，方便草丛中昆虫寻找新的栖息地，所以生草果园割草时宜交替进行，如图 4-1 所示。生草后土壤里各类微生物也会丰富起来，不仅能更好地分解土壤中的养分，也能为樱桃树提供各类生物活性成分，增强树体抗性。

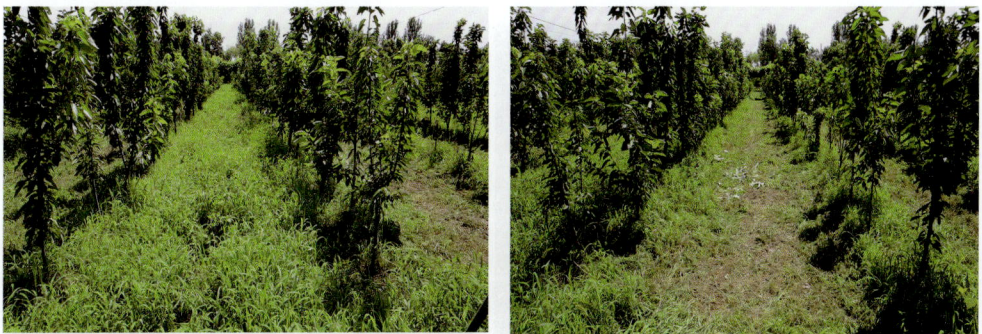

图4-1　生草果园行间交替割草

（5）减少水土流失。山区果园生草栽培可大幅减少水土流失，增加土壤涵养水分的能力。有研究表明，生草果园水土流失量比清耕果园少 90% 以上。另外，生草果园还能节省人力物力，增加果园观赏效果等。

有机质含量低是制约北京地区樱桃品质的主要限制因子，通过生草制可持续改良土壤，增加土壤有机质含量。生草制是现代果园最好的土壤管理模式（图 4-2、图 4-3），山区土层薄、浇水困难的果园不宜生草。一般樱桃产区也不宜选用深根性的草种，可选用三叶草、黑麦、鼠茅草等草种。

目前樱桃产区多数果园都实行清耕制（图 4-4），认为果园越干净，管理得越好。清耕制是我国传统的耕作方式，即当草长出后及时锄掉，清耕具有保墒、增温的效果，但不利于土壤有机质的增加，也费力费工。利用除草剂实行免耕省工省力，但对土壤的副作用更大，免耕制不但无法增加土壤有机质含量，而且除草剂淋溶到土壤后将对土壤微生物、果树根系造成持久伤害。因此，免耕制是一种极其有害的土壤管理方式，应尽快摒弃。生草不但能增加有机质含量，还能显著改善土壤通透性和理化性状，土壤的"好朋友"——蚯蚓也会大量增加（图 4-5），所以现代果园提倡生草制。

图4-2 樱桃园行间人工生草

图4-3 樱桃园行间自然生草

图4-4 清耕樱桃园不利于土壤改良

图4-5 有机樱桃园土壤蚯蚓日益增加

二、樱桃园生草方法

1. 生草类型

果园生草可分为自然生草和人工生草两种。自然生草是指对果园长的杂草不锄，长到 40～60cm 就刈割（图4-6），自然生草生长量大，草种丰富，管理容易。一般自然生草每年能割草 5～7 次，一次每亩的生草量 1.2t 左右，全年 6～9t，在发达国家多数也是采用自然生草制。但自然生草不如豆科牧草那样能为土壤提供大量的氮素营养；另外自然生草还会滋生有害杂草，如葎草（俗称剌剌秧），这类有害草种宜尽快清除；有的草根过深，在水肥条件差的地区存在与树争水争肥的现象，因此在干旱瘠薄地区不宜生草。

甜樱桃新优良种高效栽培技术

(a)　　　　　　　　　　　　　　　(b)

图4-6　及时割草

2.草种选择

　　人工生草常用的草种有白三叶、红三叶、紫花苜蓿、日本鼠尾草、黑麦草、毛苕子、草木犀、黄豆等（图4-7）。但生草的生长需要阳光，因此乔化密植的果园由于光照恶化难以实行生草制，即使种了草也长不好，所以良好的树体结构是进行生草栽培的前提。在园边、路旁、沟堤和渠边，最好种植大蒜、大葱、洋葱、花椒等有异味的趋避植物。在低洼盐碱地区，应选田菁和柽麻等耐盐植物；山区土壤水肥不足，可选草木犀和紫穗槐等抗干旱瘠薄植物。进行畜牧养殖的果园可用部分草喂养牲畜和家禽，实行"过腹回田"，既可获得畜产品，又可加速养分的转化，更有利于樱桃树吸收利用，一举多得。

(a) 百脉草　　　　　　(b) 白三叶　　　　　　(c) 小冠花

(d) 油菜　　　　　　(e) 紫花苜蓿　　　　　　(f) 毛苕子

图4-7　果园人工生草常用草种

3. 播种时期

人工生草种草时间一般在干旱或秋季进行，这时野草还没有长出或已枯萎，最有利于草的萌发；西北干旱地区宜于春末夏初或初秋，灌溉或降雨后土壤墒情好时行间播种。条播时播种深度1.5cm上下，行距25cm左右。三叶草、小冠花亩用籽量0.5～0.7kg，毛苕子、黑麦草亩用籽量3～5kg，草木犀亩用籽量1～1.kg。种草时，既可单一播种，也可混播。

4. 生草管理

生草后要注意对生草的管理，及时浇水施肥，清除有害杂草。生草能成功的保证是及时割草，即当草长到40～50cm时刈割覆盖树盘，刈割留茬高度5～10cm，一年可刈割5～7次，每次刈割后借雨趁墒每亩撒施尿素5kg（有机果园要在夏季撒施腐熟好的有机肥）。生草3～5年后，草开始老化，及时翻压，休闲1～2年重新生草。

三、其他土壤管理制度

1. 间作制

间作是在樱桃幼树期进行的，幼年果树生长速度慢，树冠矮小，可以利用行间间作，种植大豆、红薯、花生和马铃薯等一些矮秆作物。对于成年的果树，株距宽，结果初期时间长，可以与一些生理习性相近的树种或蔬菜进行间作。间作的原则是：间作作物与樱桃树没有相同的病虫害；樱桃树是喜光作物，间作作物不能对树体有所遮蔽；种植间作作物应留足树盘，新定植幼树的树盘应在1m²以上。进入盛果期后一般不宜再行间作。

樱桃园最好间作绿肥。作为绿肥的植物不但有生长旺盛的茎叶，而且还有庞大的根系，特别是豆科绿肥其根瘤菌有固氮作用，刈割后能增加土壤有机质和以氮素为主的多种营养元素，改良土壤、提高肥力的效果显著。种植绿肥，还可覆盖地面，抑制杂草，调节土温，有利于根系活动。在山地种植绿肥，可减少水土冲刷，保持水土；在沙地则可防风固沙；对盐碱地有防止返碱、降低土壤盐分的作用。间种绿肥的种类有花生、大豆、大麦草、草木犀、田菁、油菜、绿豆、荆条和胡枝子等（图4-8、图4-9）。

2. 覆盖制

覆盖制是利用塑料薄膜、作物秸秆、杂草、糠壳、锯末、沙砾等材料，覆盖在土壤表面的一种土壤管理方法。有机物的覆盖可以增加土壤有机质含量，提高地力；覆盖还能降低夏季土壤温度，据研究绿肥覆盖可使夏季土温降低5～7℃，冬季提高2～3℃；覆盖还能有效提高幼树成活率，并能促使其快速生长和早结果，有利于结果树丰产稳产，提高果品品质；对于旱地果园，覆盖还具有蓄水保墒的作用。

图4-8　幼龄果园间作大豆

图4-9　果园间作大麦草

（1）秸秆覆盖　果园可用麦秸、豆秸、玉米秸或谷糠，也可用杂草等取之方便的植物材料，覆盖全园或带状、树盘状覆盖。秸秆覆盖过去在我国应用较广，现在取材越来越困难。秸秆覆盖可以在春天起到保墒作用，也可以增加土壤有机质含量，提高土壤肥力。但秸秆覆盖费料、费工，只宜在劳动力多、秸秆材料丰富又方便的地区实施。

（2）薄膜保墒覆盖　过去常用的薄膜材料是0.02mm厚的聚氯乙烯塑料膜，白色或无色透明，管理好可用2年，一般只用1年。现在一般都采用较厚的黑地布覆盖（图4-10），使用时间可达2～3年，还可防治树盘长草。薄膜保墒覆盖可有效抑制土壤水分蒸发，尤其春夏季节，其保墒效果非常好，胜过2～4次灌溉。北京地区，3～5月3个月的土壤蒸发量500～750mm，薄膜覆盖可以减少40%～70%的蒸发量，还可抑制杂草生长。设施大棚内栽培的果树覆盖黑地布还有降低湿度的作用。

(a)

(b)

图4-10　覆盖黑地布的樱桃园

第二节　甜樱桃树需肥规律及果园施肥

一、果树体内的营养元素种类

果树体内的化学元素种类超过 100 种，但是维持正常生长发育所必需的营养元素有 16 种，包括碳、氢、氧、氮、磷、钾、钙、镁、硫、铁、硼、锰、锌、铜、钼、氯。其中铁、硼、锰、锌、铜、钼、氯 7 种元素的含量小，称为微量元素。微量元素需要量虽少，但它们和大量元素同样重要，不可替代。例如当果树缺锌时会得小叶病，缺铁时易黄化。另外钠、硅、铝虽不是必需元素，却对果树的生长非常有利，称为有益元素。在果树所必需的营养元素里碳来自空气，氢、氧来自水，氮来自土壤中有机物和空气中淋溶下的含氮化合物，其他元素通常都是根系从土壤中吸收得来的（图4-11）。

图4-11　樱桃树所需营养元素和根系吸收示意图

由于土壤中的营养元素含量常常满足不了果树生长的需要，所以要通过施肥的方式来进行补充。土壤经常缺乏的元素有氮、磷、钾、钙、镁、硫、铁、硼、锌、锰等。不过肥料不是越多越好，在不同的年龄段和一年中不同生长时期樱桃树对各种营养元素的需要量是不同的，另外各营养元素之间还存在着拮抗作用或增效作用，因而施肥时一定要注意各种元素之间的相互关系，科学施肥。并且所有营养元素都需要变成离子态才能被根系所吸收，因此适宜的水分条件、充足的有机质和丰富的微生物有利于果树养分吸收。

二、甜樱桃树的需肥规律

因果实采收和枝叶生长，樱桃树每年都要消耗一定量的营养元素，对于理想的土壤来说（有机质含量 3% ～ 5%，营养元素均衡）只需要每年补充必要的营养即可，盛果期一亩樱桃园需要补充 N、P、K 分别为 12kg、4kg 和 8kg。我国樱桃园土壤条件一般比较瘠薄，有机质含量多数只有 0.5% ～ 0.8%，需肥量是上述值的 2 ～ 3 倍；如果单纯施用复合肥，如 N、P、K 比例为 15：6：12 时，每亩需要 100kg 左右。沙性土壤漏肥较多，宜再增加 30% 施肥量，幼树期和衰老期果园应适当增加 N 肥比例。

施肥时还需要根据不同树势予以调整，判断树势一般凭借经验。盛果期樱桃树夏季在园中平视观察，当多数枝组延长枝长度在 20 ～ 25cm，延长枝短截后可长出 2 ～ 3 个新梢，说明该树长势中庸；延长枝长度不足 15cm，每个剪口长出 1 ～ 2 个新枝时，说明长势较弱，宜适当增加施肥量，特别是 N 肥用量。

不同树龄对肥料需求有所不同，幼树期和初果期，因营养生长需氮肥多；盛果期应均衡供应氮磷钾肥料，尤其是钾肥应比一般果树多，磷肥用量偏少；衰老期宜增加氮肥比例，以促进营养生长。不同季节对肥料需求也有所不同，开春萌芽、开花、枝叶生长需肥量大，对氮需求多且主要来自树体储存营养，所以秋施基肥要足，萌芽前可追含氮多一些的复合肥；花后对钾肥需求增加，钾肥供应不足不利于品质提高；樱桃对磷肥需求稳定，且比常见果树需求少；钙对于提高果实硬度有重要作用，宜通过根外追肥补充。钙、镁、硫对提高樱桃品质作用明显，有研究表明，这三种元素的需求比例为：1.4 ～ 2.4：0.3 ～ 0.8：0.2 ～ 0.4。施肥应以有机肥为主，尿素、二铵对樱桃生长和品质不利，鸡粪也不宜使用。

三、甜樱桃施肥时期

施肥时期的确定主要考虑以下几个方面：第一，需肥时期也就是吸收的旺盛期，一般在开花前樱桃根系迅速生长期，此时根系较为发达，需要大量肥料；第二，在不同的生长发育阶段对营养物质的需要有差别，一般生长前期氮肥的需要量较大，后期应多施用钾、磷等肥料，果实对钙的吸收主要来自树体储藏，所以补钙要提前；第三，根据肥料的性质安排施肥时期，速效肥在需要前追施，长效肥则要早施且多作基肥；第四，考虑土壤类型，一般沙性土壤水肥流失快，要将肥料分多次施用；第五，结合果园的立地条件，土壤有机质含量和各种营养元素含量的高低也是确定施肥时期的考虑因素。

另外，还应特别指出的是，土壤本身原本不需要施肥，只是因为我国土壤长期耕作造成土壤贫瘠，再加上果实采收消耗，造成营养缺乏。因此最根本的还是改良土壤，培肥地力。主要有两种措施：一是果园生草，二是增施大量有机肥。

一般的甜樱桃园将肥料根据使用时间分为基肥和追肥。基肥一般在秋季 9 月下旬到 10 月上旬进行，这时正值根系生长高峰期，施基肥有助于伤口愈合，发生新根，而且肥料经过冬、春两季分解可及时供应生长、开花和坐果的需要，对果树当年树势恢复及次年生长发育起着决定性作用。基肥以农家肥为主，最好采用高温发酵的方法自制有机肥（图 4-12、图 4-13），然后混入少量速效氮肥和磷钾肥，施肥量占到全年施肥量的 60% ～ 70%。樱桃一般在花前、花后、采后追肥 3 ～ 5 次，采后追肥对恢复树势特别重要。

图4-12　使用自制高温发酵有机肥

图4-13　机械挖沟施基肥

　　甜樱桃果园追肥一般每年3次：第1次在土壤解冻后到萌芽前，即花前追肥，以氮肥为主，磷肥为辅，选用磷酸二铵或三元素复合肥；第2次在花芽分化期（5月），以磷、钾肥为主，兼施氮肥；第3次在果实采收后（6～7月），氮、磷、钾肥综合使用。最好再施入1/3左右的基肥，夏季采后施肥是樱桃特有的追肥方式，对于恢复树势、改善来年果实品质非常重要。如图4-14所示为樱桃采后撒施追肥，图4-15所示为樱桃园追肥后浅翻。

　　对于土壤管理较好且有机质含量较高的果园最好秋天施一次底肥，花后和采后再补充一次追肥，但要进行叶面追肥。当土壤有机质含量很高，营养元素均衡时，一次将底肥施足，各种营养就会被土壤吸附，在果树一年的生长过程中就会被慢慢吸收，这样既节约了劳动力，又能满足果树需要。

图4-14　樱桃采后撒施追肥

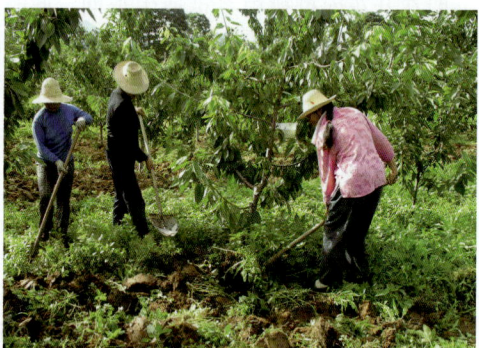

图4-15　樱桃园追肥后浅翻

　　叶面喷肥每年最好能进行8～10次左右，主要为叶片补充氮磷钾大量元素，钙、镁中量元素，以及硼、铁、锰、锌等微量元素，同时施用各种微生物菌肥提高叶片的光合能力。在果树补钙临界期（落花后30天之内）间隔7～10天连喷3次氯化钙、氨基酸钙肥或高效钙；在叶片长出后到采收前可喷2～3次0.2%～0.3%的尿素或各种氨基酸肥，以补充叶片氮素含量；花芽分化期到夏季喷2～3次磷酸二氢钾和光合

　甜樱桃新优良种高效栽培技术

微肥；在采果后用磷酸二氢钾或硫酸钾 200 倍液，喷施 2 ~ 3 次；落叶前 20 ~ 30 天可喷 2 ~ 3 次 1% ~ 3% 的尿素或各种氨基酸肥，以增加树体的储藏营养。如果有自己制作的营养液可在叶面喷肥时加入。

四、肥料种类及选择

1. 肥料种类选择

肥料种类如图 4-16 所示。樱桃施肥最好以腐熟有机肥为主，有机肥不足时补充专用复合肥，同时辅以菌肥、氨基酸肥等。通过使用有机肥可全年改良土壤，最好使果园土壤有机质含量逐步达到 3% 以上。我国樱桃园一般以化肥为主，有的果园一年施用各种化肥 200 ~ 300kg/ 亩，化肥是造成樱桃品质差、树体徒长的主要原因之一。要想生产出高档樱桃应以有机肥为主，少量复合肥作为补充即可，有条件的地方最好不用化肥，尤其不用尿素、二胺等含氮多的肥料，推广有机栽培。采用高温发酵制作有机肥和有机追肥是从事有机生产的基础（图 4-17、图 4-18）。

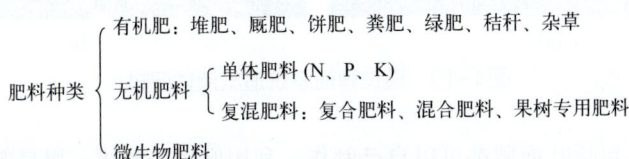

肥料种类
- 有机肥：堆肥、厩肥、饼肥、粪肥、绿肥、秸秆、杂草
- 无机肥料
  - 单体肥料 (N、P、K)
  - 复混肥料：复合肥料、混合肥料、果树专用肥料
- 微生物肥料

图4-16　肥料种类

图4-17　制作高温发酵有机肥

图4-18　用饼肥高温发酵制作高级追肥

2. 化肥作用

对于无公害果园当有机肥源不充足时也可施用化肥作为补充，但绝不可用纯氮肥，可选用樱桃专用的复合肥。主要以基肥为主，花前和幼果期也可适量追肥。樱桃采后花芽会继续发育，需追肥来提高花芽质量。施肥量的多少要根据土壤的状况和果树的长势来具体安排，施肥是否适当可用目测法来判断。

3. 液体肥料

液体肥料是一种新型的肥料种类，包括，利用各种化学肥料溶于水制作成的液体肥料；利用各种营养液制作成的有机液体肥料；以及通过淋溶高温发酵有机肥等制作的液体肥料及沼液等。液体肥料最大优点就是可以通过滴灌、喷灌、浇灌等方式结合灌水施肥（图4-19），节省人力物力；而且分布均匀，不伤根系，不破坏耕作层土壤结构，肥料利用率也高。

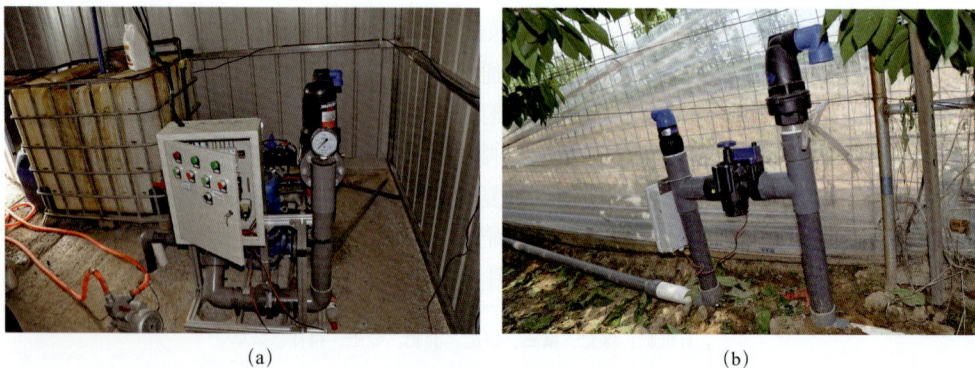

(a)　　　　　　　　　　　　　　　　　(b)

图4-19　通过管道系统追施液体肥料

液体肥料，包括叶面肥都可以自己制作，利用麻渣、豆饼、黑豆等可发酵出含 N 高的液体肥料；利用海鲜加工废料、骨粉、鱼粉等可发酵出 P、K 含量高的液体肥料；利用红糖、青草、残次果可发酵出平衡液体肥料（图4-20、图4-21）。自己发酵的液体肥料可大量使用，既可随滴管施入土壤，也可打药时当作叶面肥。

图4-20　利用黑豆发酵制作营养液

图4-21　利用红糖发酵制作营养液

五、甜樱桃园施肥量

1. 常规生产施肥量确立

在生产中樱桃需肥量的确定多凭经验，没有固定标准。高档樱桃园生产以有机肥料为主，盛果期的樱桃园每年每亩地施腐熟有机肥 1t 左右，在秋季和采后施用（采后占 20%～30%），或农家肥 3～5t；生长季追施樱桃专用复合肥 50～75kg，分 2～3 次施用。有机樱桃园不用化学合成肥料，追施 100～150kg 发酵好的饼肥。一般樱桃生产秋施农家肥 1～2t，再加上 50～75kg 平衡复合肥，生长季追施 50～75kg 专用复合肥。科学确定樱桃施肥量比较困难，需要根据树龄、树势、土壤、生产量和管理要求等综合分析，最主要的是对叶片和土壤养分进行化学分析，进而做出营养诊断。

2. 营养诊断

根据果实所需养分含量确定施肥量。前人研究表明，樱桃每生产 100kg 果实，约需吸收纯氮 1.04kg，纯磷 0.14kg，纯钾 1.37kg。加上根系枝叶生长的需要、雨水淋失和土壤固定，土壤肥力中等的甜樱桃园，每年肥料的施肥量应为果实产量的 2～3 倍（商品发酵有机肥和产量相当，一般 1～2t）。

根据叶片营养诊断确定施肥量。甜樱桃生长正常时叶片干物质中主要元素的含量为：氮 2.33%～3.27%，磷 0.23%～0.32%，钾 1.25%～1.92%，钙 1.62%～2.60%，镁 0.49%～0.74%；微量元素的含量为：硫 124～150mg/kg，铁 119～203mg/kg，锰 44～60mg/kg，硼 38～54mg/kg，锌 20～50mg/kg，铜 8～28mg/kg，钼 0.5～1.0mg/kg。通过叶片诊断，如果低于下限应及时补施肥料，避免樱桃缺素。

六、甜樱桃园施肥方法

樱桃树施肥方法可分为土壤施肥和根外追肥两类，土壤施肥的主要方式包括全园撒施、环状沟施肥、放射沟施肥、条沟施肥、灌水施肥和穴贮肥水等，根外追肥主要有叶面喷肥、树干涂抹或喷施和枝干注射等方式。

1. 土壤施肥

土壤施肥是最传统的施肥方式，也是樱桃园主要施肥方式，一般在 9 月下旬到 10 月上旬进行，也称为基肥，一般占全年施肥总量的 60% 左右；采后也应补充肥料，称为采后追肥，一般占全年施肥量的 20%～30%；萌芽前追肥占全年施肥量的 10% 左右，以氮肥为主；花后到转色前宜追施一次肥料，以钾肥为主。土壤管理较高的果园可一年施肥两次，秋后和采后；管理一般的果园还需要追肥 3 次左右。有

图4-22　全园撒施有机肥

机肥和多数无机肥（化肥）宜施到土壤中，以利于根系的吸收，减少肥料的损失。主要方式有：

（1）全园撒施　如图 4-22 所示把肥料均匀撒到樱桃树冠覆盖的地面（或树盘内），

然后浅翻入土。这种施肥方式简单，适合于土壤改良好的果园，以及采后追肥。土壤未改良的果园用这种方式，肥料利用率低。

（2）环状沟施肥　常用于幼树和初果期樱桃树，一般沿原定植穴向外扩穴。环状沟沟宽50～60cm，沟深50cm；表层土壤和底层土壤分别放置；将各种肥料放在表层土上，混匀后回填到沟底部，上面回填挖出的心土；最后再浇透水。

（3）放射沟（辐射状）施肥　用于樱桃大树施肥，离主干50cm向外挖辐射状沟，靠近主干处宽度窄，向外逐渐加宽。一般挖4～6条沟，每年交替进行，沟深50cm，施肥方式与环状沟类似。

图4-23　挖沟深翻施肥

（4）条沟施肥　在樱桃树两侧，果园行间挖纵向沟，施肥方法和上文类似。条沟方便采用机械操作，当沟较宽时只在一侧开挖，连年扩展，以减少对根系的伤害（图4-23）。

（5）灌水施肥　将肥料溶于水中，在浇水的同时完成施肥。现在一般利用水溶性肥料和滴灌实行水肥一体化管理。

（6）穴贮肥水　多用于山区或无灌水条件的地区。在树冠下（枝叶聚集的外围）挖4～6个坑，直径30～50cm，深50～60cm；穴中填入杂草、枯枝落叶、有机肥；然后用水车灌水；最后用土或地膜覆盖。这种方法用水少，可局部满足树体对水肥的需求。

以上几种方法应根据果园实际予以选择，环状沟、放射沟和条沟施肥，在全园挖通后不宜再进行，改为全园撒施。挖沟施肥同时也可进行土壤改良，所以有机肥施用量是平时施肥量的2～3倍，最好再加入杂草、秸秆、粉碎的枝条等，以提高改土效果。追肥也应施入土中，一般用锄头挖浅沟，深10cm左右。

2. 根外追肥

（1）叶面喷肥　通过叶面施肥可以补充树体营养，促进叶片加厚和光合能力的提高。喷肥在生长季进行，可每隔10～15天进行一次。一般在生长季前期用N肥（如尿素、氨基酸叶面肥）、Ca肥和Fe肥，后期用P和K肥（如磷酸二氢钾），施肥时可与打药同时进行，如果能再加上生物菌肥、光合微肥、腐殖酸等就更好了（表4-1）。利用自己制造的营养液可以全面补充叶片营养，有效提高樱桃的产量、品质和果树抗性。营养液可在喷药时混合使用，早春叶片较嫩，一般施用800～1000倍液，生长季施用300～500倍液。也可以根系浇灌，单独浇灌营养液时用水稀释50倍，每株大树20～30kg，幼树10～15kg。随水浇灌时，每亩用原液20～30kg，最好在花后、果实成熟前和采后各浇灌一次。

甜樱桃新优良种高效栽培技术

（2）枝干涂抹或喷施　适于给樱桃树补充铁、锌等微量元素，可与冬季树干涂白结合一起做，涂抹前在白灰浆中加入硫酸亚铁或硫酸锌，浓度可以比叶面喷施高。树皮可以吸收营养元素，但效率不高；经雨淋溶后，树干上的肥料部分渗透到树体内，多数被冲刷到土壤中，再被根系吸收。

（3）枝干注射　用高压喷药机加上改装的注射器，先向树干上打钻孔，再由注射器向树干中强力注射。注射硫酸亚铁（1%～4%）和螯合铁（0.05%～0.10%）可防治缺铁症，同时加入硼酸、硫酸锌，效果更好。凡是缺素多与土壤条件有关，在依靠土壤施肥效果不好的情况下，用树干注射效果较好。

表4-1　甜樱桃树根外追肥的时间和肥料选择

物候期	肥料名称	浓度/%	喷施部位	主要作用
萌芽期	硫酸锌	2～5	枝梢顶端	防治小叶病
	硫酸亚铁	2～4		防治黄化病
开花期	硼（酸）砂	0.2	花朵柱头	提高坐果率
幼果期（花后1～4周）	氯化钙、钙宝等	0.15～0.2	幼果和叶片	防止果实变软、塌陷，提高营养和硬度，促进光合作用
	尿素、营养液			
花芽分化期	磷钾肥、营养液	0.2	叶背	促使花芽分化、果实膨大
采后	磷酸二氢钾、海鲜营养液	0.3～0.5	叶背、果实	促进着色，提高硬度和品质
落叶前	尿素	1～3	叶背	促进树体养分积累
冬季	硫酸锌、硫酸亚铁	3～5	树干	防治小叶病和黄化病

第三节　高温发酵有机肥的制作与使用

使用生物菌肥和有机肥料来改良土壤、提高果实品质已成为广大果农的共识。市场上的菌肥种类五花八门，常有果农朋友弄不明白到底哪种菌肥好。自此先向读者讲几点基本常识：第一，菌肥并不能为果树提供营养，菌肥在土壤改良中起关键作用，但并不起主要作用，起主要作用的是有机肥，不是菌肥；第二，当地的土著菌是最好的生物菌，因为土著菌在当地经过千百万年的演化，最适应当地的气候和土壤；第三，单一的或几种强势菌株使用并不利于土壤改良，试想如果这类菌肥施入土壤还保持强势，必然会破坏土壤中的菌群结构，不利于土壤健康，而如果它不再保持强势，用之何益？

基于此，笔者一直提倡果农朋友自己制作生物菌肥，并用来发酵有机肥。因为自己做的菌肥是最好的菌肥，而且制作过程简单方便，成本极低。同样自己做的有机肥也是最好的有机肥，因为自己可以选择好的原料，并根据自家果园土壤条件和果树生长情况调整肥料养分比例。下面以堆肥用菌肥为例，介绍一下制作的过程和高温发酵制作有机肥的方法。

一、生物菌肥制作

1. 原始菌群的采集

采集原始菌群最好在当地林木茂密的山上选点，树木越多，生长年头越长，其林下积累的枯枝落叶就越多，这些枯枝落叶在各种生物菌的作用下形成厚厚的一层落叶土，这种落叶土就富含各种土著菌。采集时间最好在早春，早春的温度较低，有利于发酵用酵母菌的繁殖，而不利于细菌、放线菌等的繁殖。

米饭是微生物优良的培养基。用电饭煲蒸一锅米饭，等米饭凉后松散开，将其埋入林下的落叶土中，大概10天左右米饭中就会出现大量白色的菌丝（温度高时时间会短些），这样米饭团就变成了富含各种土著菌，特别是酵母菌的原始菌群了（图4-24）。其实在林下收集有白色菌丝的树皮、落叶也可用来直接制作菌剂。方便的地方直接用落叶土（10%的比例）和堆肥原料一起堆肥也可以。

2. 菌群扩繁

发酵1t有机肥大概需要1kg的菌肥，因此需要将原始菌群进行扩繁。但在常规条件下只可扩繁一次，因为扩繁次数越多，杂菌的比例就越高。扩繁生物菌肥所用的原料和比例如下：稻糠（或麦麸）100kg，红糖3～5kg，原始菌群10kg，水若干，这些原料可发酵100t有机肥。将红糖用水化开，稻糠和采集的原始菌群充分混合后洒水，调到含水量50%，然后充分翻倒，在室内或遮阴处放置。由于微生物繁殖迅速，所以发热量大，当温度超过55℃时就要翻倒一次，当原料见干后要洒点水调到含水量50%。春天时第一天要翻倒5～7次，夏天翻倒9～12次，以后翻倒次数逐渐减少。随着时间的延长麦麸中微生物数量越来越多，长出很多白色的菌丝（图4-24），同时温度逐渐降低。春天10天左右就可做出生物菌肥，夏天大概需要5～7天。如果当时不用可将做好的菌肥阴干后放置，随用随取，一般不宜超过一年。在不同地点、不同高度、不同坡向、不同季节、不同条件可以做出不同的生物菌肥，有兴趣的朋友可以自己去试验，找到制作当地菌肥的最佳方法。

(a) 将米饭埋入落叶土中

(b) 取出富集原始菌的饭团

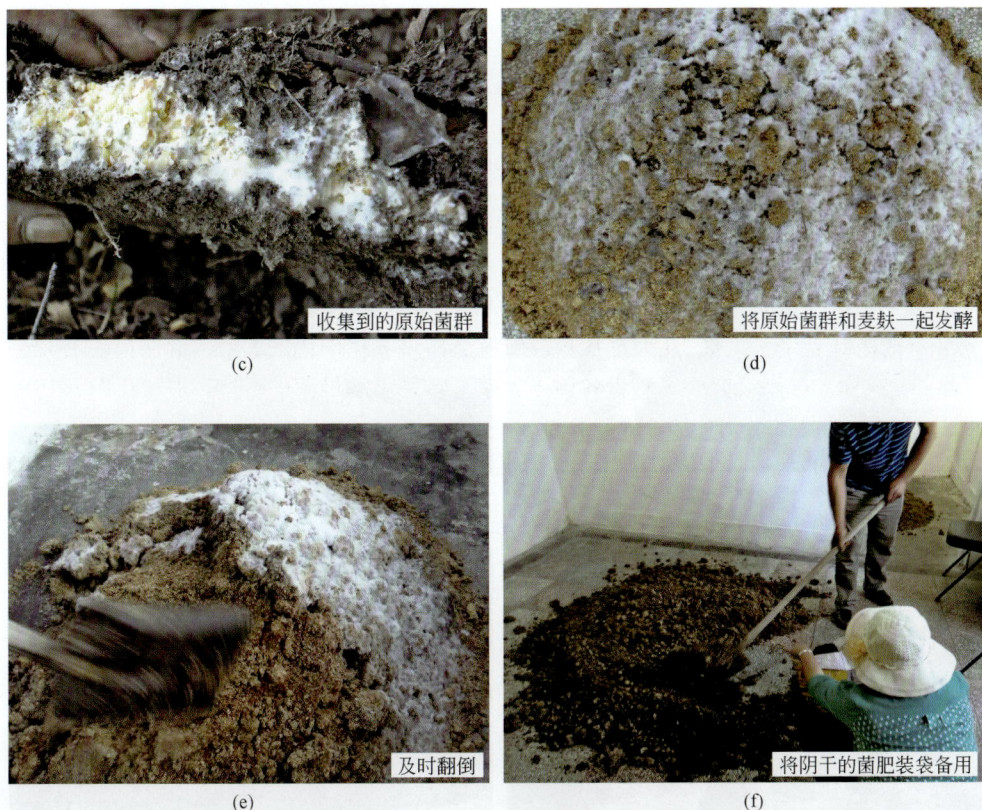

收集到的原始菌群	将原始菌群和麦麸一起发酵
(c)	(d)
及时翻倒	将阴干的菌肥装袋备用
(e)	(f)

图4-24 生物菌肥采集和扩繁步骤

二、高温发酵有机肥的制作

高温发酵制作有机肥速度快，养分分解充分，还可通过高温杀死病虫卵，是制作有机肥的最好方法。所用原料可分为氮（N）源和碳（C）源两大类，氮源主要用各种动物粪便，如鸡粪、猪粪、羊粪等；碳源可用锯末、植物落叶、杂草、粉碎的秸秆等，粉碎的果树枝条属于本体肥源，效果更好。制作流程如下（图4-25）：先将所有原料含水量调到60%；在底层铺一层干锯末（或干草）；将鸡粪等氮源铺一层（5cm左右），撒一些发酵用生物菌肥；再铺一层碳源材料；如此反复堆到1.5～2m高，肥堆底部宽不能超过3m。高温发酵最好在有遮阴的发酵棚内进行，露地发酵时春天注意外面覆草或盖一层土以防水分蒸发过快，夏天注意避雨。春天15天左右（夏天7～10天）当肥堆温度达到60℃时就要翻倒一次，再过15天左右再翻倒一次，一般3次以后温度就降下来了，再过1个月左右当堆肥的温度和外界温度接近时发酵过程就结束了。这时各种原料已经充分分解，变成了腐熟的有机肥。使用堆肥车间和机械翻倒效率更高（图4-26）。

将所有材料含水量调到60%

(a)

底层铺锯末

(b)

加一层羊粪

(c)

加一层鸡粪并撒少许生物菌肥

(d)

检查温度

(e)

及时翻倒

(f)

图4-25 高温发酵有机肥步骤

(a)   (b)

图4-26　堆肥车间（a）和机械翻倒（b）

三、高级有机追肥的制作

将鸡粪、羊粪等氮源，换成豆饼、麻渣饼或棉籽饼等饼肥时就可以做出高级有机追肥（图4-27）。当果园缺磷（P）、钾（K）肥时，原料中加入一些鱼粉、骨粉（每亩地需要几十千克左右）；当幼树或弱树缺氮时可用含氮多的饼肥；当缺矿物质元素时可加入麦饭石。另外，需要特别注意的是麦饭石、鱼粉、麻渣等加水易呈泥状，最好先

加一层落叶土

(a)

加一层粉碎的麻渣

(b)

加一层鱼粉

(c)

加一层骨粉

(d)

图4-27　高级有机追肥制作步骤

撒到肥堆上再洒水调到含水量60%。制作高级有机追肥时除了加氮源和碳源，还需要加10%～20%的落叶土或果园表层沃土，以吸收分解的养分。其他制作、翻倒流程和高温发酵制作有机肥一致。这种追肥富含营养，完全可以替代化肥，特别适合生产高档果品的果园，特别是有机果园。目前很多有机果园片面地依赖有机肥，而不使用有机追肥，造成树势衰弱，希望果农朋友学会这种制作有机追肥的方法。

总之，利用不同的原料可以做出不同的有机肥，生产出不同风味的特色果品。有心之人多尝试，必有所获。

四、使用有机肥改良樱桃园土壤

土壤有机质含量低是制约我国樱桃品质的主要因素之一，最佳土壤有机质含量为3%～5%，我国土壤有机质含量一般不足0.5%。通过增施大量有机肥可以快速改良甜樱桃果园土壤，其中效果最好的是用锯末制作的高温发酵有机肥。

有机肥制作好后可根据果园需求当作基肥或追肥使用，如前所述。改良土壤时施用量一般是基肥的3～5倍，大概3～5t/年。选用腐熟发酵好的有机肥，C/N比例适宜。改土时间在秋后施基肥时进行，具体方法如下（图4-28）：

采用挖沟方法施肥改土，沟宽40～50cm、深50cm，挖沟时表土、里土分开堆放；把腐熟有机肥、磷钾肥、矿物质肥等各种肥料撒在表土上；土和肥搅拌均匀后回填至施肥沟2/3深处，接着浇上配好的营养液；然后再回填剩下1/3，并做成垄状；最后浇透水。

挖50cm深沟
(a)

施加自制有机肥
(b)

撒钾镁硼矿物质肥
(c)

回填土2/3
(d)

浇营养液 (e)   将土全部回填 (f)

图4-28　樱桃园土壤改良方法

第一年挖沟距主干 50cm，然后每年向外扩，不留间隙，一般三四年就可全园挖通。

　　樱桃全园改土完成后就可以采用撒施浅翻的方法施肥，此时果园通透性已改善，蚯蚓也已大量增加，可将表层营养淋融或带到下层土壤。使用机械改土效率更高（图 4-12、图 4-13），如宽度过大宜隔行进行，以免伤根太多。

　　改土所用营养液配制方法如下：在地里挖沟，铺塑料布按比例放各种材料，如图 4-29 所示，包括麦麸、改土菌肥和红糖，充分搅拌 30min，放置 5 ～ 10h 即可使用。改土菌肥可购买，也可自己制作。

加入地下水1t (a)   加入红糖2.5kg (b)

加入改土菌肥2.5kg (c)   加入麦麸50kg (d)

图4-29　改土营养液的制作

第四节　甜樱桃水分管理

一、甜樱桃对水分的需求

果树栽培都离不开水，樱桃树对水分的需求比一般果树更严格。水分是树体器官、组织、细胞等形态建成的组成部分，也是合成各种物质的原料和溶剂。水分绝大部分被用于叶片的蒸腾作用，可有效降低叶片温度，促进养分在体内的运输。土壤水分供应对树体健康生长和叶片碳水化合物合成都有直接影响，进而也影响樱桃产量和品质。当土壤干旱时，樱桃生长受抑，叶片光合作用降低；当土壤水分过多时，影响根系呼吸，严重时水涝落叶，甚至整株死亡。樱桃忌旱忌涝，在整个生长季都要做到合理灌溉，及时排涝，使其根系始终处于适宜水分供应状态。

我国樱桃产区基本位于北方，普遍缺水，尤其是春天少雨，宜采用节水灌溉。早春花前灌水具有延迟花期和减轻晚霜危害的作用；夏季高温时灌水可有效降低地面和树冠温度；秋后冬灌可减轻冻害。一般而言，樱桃灌水主要有以下几类：解冻水、萌芽水、花后水、膨大水（第二次膨大期）、采后水和封冻水。解冻水和封冻水应大水灌透，其他灌水不宜过大，如采用节水灌溉应视灌水多少适当增加灌水频率。樱桃生长期短，果实生长期也是枝叶迅速生长阶段，这时正赶上春旱，如缺水对果实和树体生长非常不利。

一般认为樱桃果园土壤最大持水量在60%～80%，当含水量在50%～60%以下时，持续干旱就要灌水。生产中常凭经验估测含水量，如壤土和沙性土果园，挖开10cm的湿土，手握成团不散说明含水量在60%以上，如手握不成团，撒手即散则应灌水。通过观察樱桃树叶状态也可判定是否需要灌水，中午高温时，如果叶片有萎蔫低头现象，过一夜后还不能复原，应马上灌水。

二、樱桃园灌水方式

樱桃园灌水方式可分为大水漫灌、树盘灌水、交替灌水、沟灌、喷灌、滴灌等。大水漫灌最浪费水资源，树盘局部灌水和行间交替灌水比大水漫灌节约用水，喷灌、滴灌等节水效率更高。

1. 地面灌水

大水漫灌一般在平地果园使用，是将水利用渠道引到果园在地表漫灌的方式。大水漫灌最浪费水资源，而且如果地面不是很平整灌溉效果还不好，目前采用的不多。地面灌溉主要采用的是树盘灌水、树行灌水（畦灌）、沟灌和穴灌。其方法是采用水渠把水引入果园，再结合树盘、畦面、水沟、贮水穴进行地面灌水。采用传统的沟渠输水＋大水漫灌方式水分损失大（图4-30），如果利用低压输水管道代替传统输水土渠将水直接送到田间沟畦灌溉果树，可大大减少水分在输送过程中的渗漏和蒸发损失（图4-31）。此外，利用修建树盘也可有效节约水分。

图4-30 大水漫灌

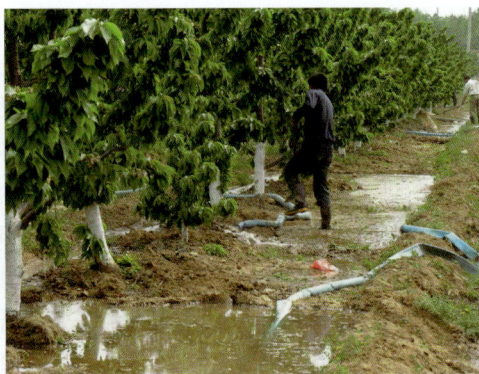

图4-31 树盘灌水

2. 喷灌

喷灌需要专门管道系统，其结合水泵把水压出喷头，然后洒到果园地面。喷灌全部采用管道输水，可人为控制灌水量，对果树进行适时适量灌溉，并且适应于任何地形和栽培方式。

3. 微灌技术

微灌技术是最省水的灌溉方式，是一种新型的节水灌溉技术，包括微喷灌（图4-32）、滴灌（图4-33）、小管出流等，它通过低压管道和滴头或其他灌水器，以持续、均匀和受控的方式向根系输送所需水分，还可加入水溶性肥料，实现水肥一体化。

图4-32 微喷灌技术在樱桃园应用

图4-33 膜下滴管技术在设施樱桃栽培中应用

三、甜樱桃灌水时期及灌水量

1. 灌水时期的确定

北方樱桃产区一般年降雨量在 500 ～ 800mm，且降雨集中在 7 ～ 8 月份，春季干旱，樱桃树一般需浇水6次左右。

（1）解冻水　果园经过一冬天土壤已比较干旱，解冻水既可缓解旱情，也可促进根系生长。在早春解冻时灌水量要大，要达到土壤相对含水量的80%。

（2）花前水　花前灌水有利于提高坐果率和促进幼果的细胞分裂，这是果树的需水临界期，要及时浇水，如果解冻水没浇时浇水量要大。

（3）花后水　落花后到新梢停长前的时期往往春旱少雨，要及时补水促进新梢生长和果实第一次膨大，浇水不及时容易增加落果（图4-34）。

（4）膨大水　5月中上旬前后（果实第二次膨大期）如果过于干旱需要浇水，这个时期正处于花芽分化期，适当干旱有利于花芽分化，但经常也是北方最干旱的季节，需要补充灌水，灌水量不宜过大。

（5）采后灌水　采后应结合施肥及时灌水，采后灌水对于恢复树势非常重要。

（6）封冻水　在深秋封冻前大水灌透，可促进樱桃安全越冬。

在生长季追肥和秋施基肥后要灌水，以利于有机肥的分解和根系再生（图4-35）。当然如果采用滴灌等节水措施灌水，灌水次数宜适当增加。

图4-34　果实花后浇水

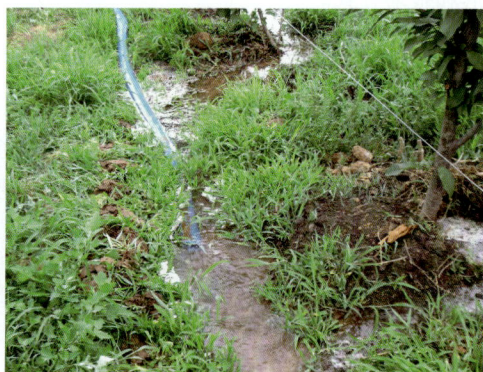

图4-35　追肥后浇水

2. 灌水量的确定

最低灌水量就是能够使耕作土层的土壤含水量达到田间最大持水量60%时的灌水量。理想灌水量是指能够使耕作土层的土壤含水量达到田间最大持水量80%时的灌水量。耕作层湿润后，水分会在重力的作用下渗入地下，樱桃的根系一般分布在10～50cm深，所以灌水时一定要使水渗透到根系分布的深度。每次灌水时（特别是进行节水灌溉的果园）一定要认真检查灌水量是否达到要求。特别是封冻水一定要大水灌透。我国的水资源短缺，需要节约用水，不要像农作物那样每年浇7～10遍水，也不要大水漫灌，要采用树盘局部灌水，有条件的地方也可采用滴灌、渗灌、喷灌等节水措施灌水。在山区和干旱地区最好采用穴贮肥水、集蓄雨水等方式来为樱桃提供必需的水分。

四、防渍排水

樱桃树是果树里面最怕涝的树种，在水分过多的地块表现出生长不良现象，夏季积水超过48h叶片就会发黄，超过72h就会部分枝叶或整株死亡（图4-36）。因此雨季必须注意排水，夏季雨水过多，特别是黏土地更要注意排水。当地下水位高、排水不畅，造成土壤通气不良、氧气不足时，会抑制根系呼吸，造成根系的生长发育受阻，叶片萎蔫，生长不良，从而影响樱桃树的产量和品质。因此，建园时必须考虑排水问题，修建排水系统，以便及时做好排水工作。目前平地上应用的排水系统有明沟排水和暗管排水两种。

图4-36　因雨季水涝而枯死的樱桃树

图4-37　挖排水沟雨季排水

明沟排水，是在地面每隔一定距离，顺行向挖成沟渠（图4-37）。在降雨量少、地下水位低的地区建果园，通常只挖深度不到1m的浅排水沟，并与较深的干沟相连，主要用于排除地面积水。而在降水量大、地下水位高的地区，果园内除了浅排水沟外，还应挖深排水沟。后者主要用于排除地下水，降低地下水位。明沟排水是传统方法，其缺点是占地面积大，易淤塞和滋生杂草，导致排水不畅。

暗管排水，主要通过埋设在地下的管道排水（图3-8）。排水管道的口径、埋置深度和排水管之间的距离，应根据土壤类型、降水量和地下水位等情况决定。暗管多用陶管、混凝土管和黏土管等。采用地下管道排水的方法，不占用土地，不影响机械耕作，排水排盐效果好。但地下管道容易堵塞，成本较高。

在山坡丘陵地区排水和水土保持工作要兼顾做好。坡度较缓和的地区可直接用明沟排水（图3-9）；坡度大于8°的山地应先修筑梯田，沿等高线定植樱桃，并在梯田内侧修建排水沟；超过15°的山地果园还要用石块做好护坡，防止梯田垮塌。一般山坡都是下部缓和，上部陡峭，应根据不同地形特点合理安排排水（图4-38）。梯田建樱桃园时一般还要挖竹节沟，将排水沟的水汇集后排去。沟深30～40cm，沟内每隔

5～6m远修1个长1m左右的拦水竹节（土埂），以减缓流水冲击力，减轻水土流失，土埂高度比梯田面低10cm。在竹节沟出水口处，挖一深、宽各80cm，长约1m的坑，以沉淤泥沙。在坑前面用石块修葺，防止排水时冲垮地堰。

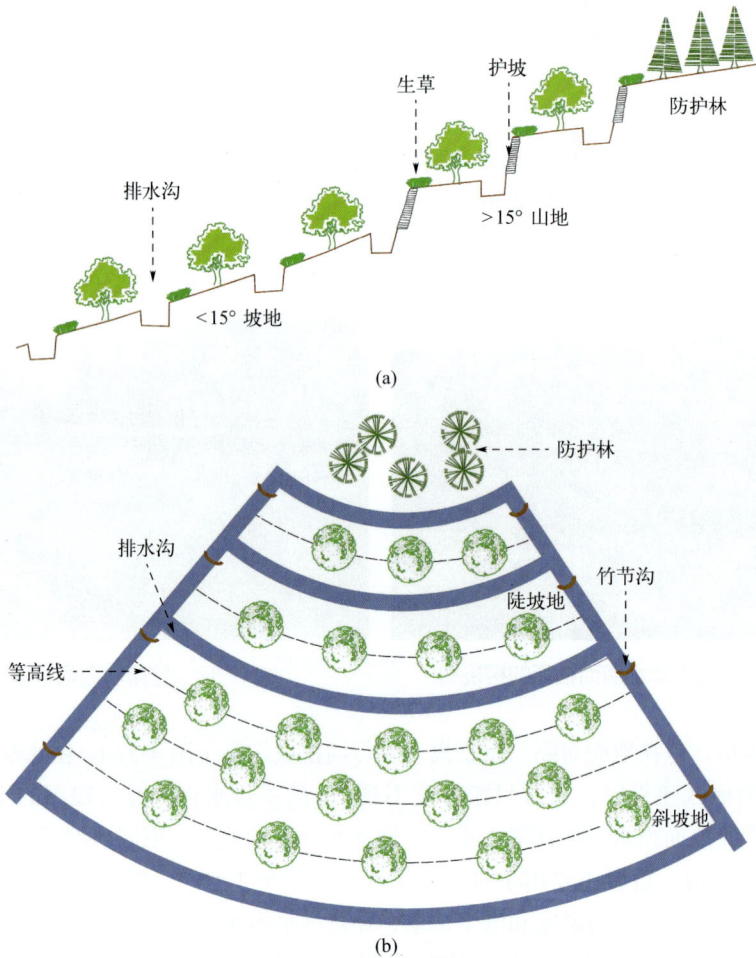

图4-38　山地樱桃园排水设施

第五章

甜樱桃花果管理技术

花果管理是樱桃管理的中心环节，樱桃花果管理首先是促进花芽分化，特别是在幼树阶段和初果期非常重要。提高樱桃品质是打开销路、增加收益的有效手段，包括果实大小、外观品质和内在品质等。

第一节　甜樱桃花芽促进技术

樱桃栽培首先要有果，管理才有意义；果实来自花，如何多形成花芽、形成质量好的花芽是樱桃树栽培关键。甜樱桃树，特别是乔化甜樱桃树成花困难，需要根据其成花特性采用相应的成花技术。

一、花芽分化

樱桃树达到花熟状态以后，一旦遇到适宜的外界环境条件，就开始花芽分化，茎端分生组织开始由营养生长转向生殖生长。樱桃花原基形成、花芽各部分分化与成熟的过程，称为花芽分化。樱桃开始花芽分化时间早，一般在五月中上旬，即果实硬核期（图5-1）时就开始进行花芽分化了，集中分化时间是五月中下旬，可持续到七月初。先停长的花束状果枝最早进行花芽分化，然后是短果枝、中果枝和长果枝，徒长枝连续摘心后基部芽可在六月底到七月初分化形成花芽。花芽开始分化后可持续发育，直到冬季花芽休眠，来年开春继续进行发育，持续到开花。

促花技术一般要在花芽开始分化，即生理分化期进行。甜樱桃一般通过肥水管理、栽培技术（如拉枝、刻芽、环剥等）和激素来促进花芽分化。拉枝和摘心（图5-2）促进樱桃成花效果最好，是樱桃主要的成花措施。

图5-1 果实硬核期

图5-2 摘心后成花和未摘心枝条比较

二、甜樱桃拉枝技术

1. 拉枝的作用

拉枝的主要作用是促进成花和改善树冠光照。樱桃树枝条有很强的极性，自然状态下会直立向上生长，这种枝条不但会消耗大量树体养分，而且枝条上的芽也很难成花。直立枝条因生长旺盛，会严重影响树冠内膛光照，既不利于管理，也减少了花芽数量，降低了果实品质。

2. 拉枝的时期和角度

（1）拉枝的时期 拉枝在整个生长季内都可进行，最佳时期为：多年生骨干枝和徒长大侧枝最好在花后至5月中下旬（春梢旺长期）进行，当年生新枝宜在8月中下旬（秋梢旺长期）进行（图5-3）。因樱桃枝条当年难以固定，拉枝应持续多年进行。

当年生枝初秋拉枝

(a)

多年生枝开春拉枝

(b)

图5-3 樱桃拉枝时期选择

（2）拉枝角度 根据品种特性和目标树形要求，樱桃一般永久性主枝拉至80°～90°左右，临时性小主枝和辅养枝可拉至90°～100°，主枝上的旺长枝组全部拉至自然下垂状态。密植栽培的主干树形，拉枝时要拉至下垂，并同时对枝条采取拿枝软化、拧枝等操作。图5-4所示为矮化樱桃主干形第二年拉枝。

甜樱桃新优良种高效栽培技术

(a)

(b)

图5-4　矮化樱桃主干形第二年拉枝

3. 拉枝的方法

拉枝一般用"一推二揉三压四定位"方法（图5-5）。"推"就是手握枝条向上反复推动；"揉"就是把枝条左右上下反复揉软；"压"就是揉软后，将枝条逐渐压至要求角度；"定位"即用塑料扎带、拉枝绳或细铁丝等将枝条固定好。用绳固定时要注意在下面木桩拴猪蹄扣，上面枝条拴反向活扣。对推、揉、拉有困难的粗大枝，在背后基部位置连续锯两锯或三锯，深达枝粗的 1/3，锯间距 3 cm，然后下压，埋地桩用铁丝固定。如枝龄过大，枝条过粗不易拉开的，可采取"大土袋"吊枝（即用旧化肥袋装土挂吊在枝中部）。早春刚长出的新梢可用牙签撑开，简单有效。

拉枝时应防止形成弓背形，这样背上芽容易冒条；拉枝和刻芽相结合有利于缓和树势，促进成花；樱桃侧枝也需要拉枝，且一般应保证主枝角度达 90°，侧枝角度要大于主枝角度。

砸木桩
(a)

反8字扣
(b)

系扣
(c)

揉压
(d)

系反方向活扣
(e)

拉好的枝条
(f)

图5-5　樱桃拉枝过程

三、甜樱桃摘心技术

对甜樱桃树当年生枝实行摘心或连续摘心技术，可有效促进花芽分化，是果树生长期管理中一个重要技术环节。

1. 摘心原理

在新梢生长过程中，顶端分生组织和嫩叶会产生大量生长类激素（如赤霉素），刺激枝条生长，而抑制生长的激素（如乙烯）存在于叶腋间。因此，在摘心的同时，最好再去掉顶端几片嫩叶，大量的赤霉素被去掉，顶端不再延伸生长。向前端运送的有机营养便被分散到后部芽体中，使得腋芽膨大，叶腋间的乙烯相对增多，在营养平衡、树势稳定的前提下，这些芽容易形成花芽。

2. 摘心时间

甜樱桃摘心一般需要进行 2～3 次。第一次在 5 月上中旬，主要对背上枝、竞争枝摘心。背上枝留 4～5 片大叶摘心，培养结果枝；在延长头 30～40cm 大叶处进行摘心，促发新枝，抑制旺长。对延长头两侧的新梢在 20～30cm 处摘心。第二次摘心在 6 月上旬进行，主要处理背上枝，对新长出的枝条留 4～5 片大叶摘心（图 5-6）。特别旺的樱桃树还需要第三次摘心，第三次摘心一般在 7 月中下旬进行，背上新长出枝条留 4～5 片大叶摘心；新长出延长头留 20～30cm 进行摘心。

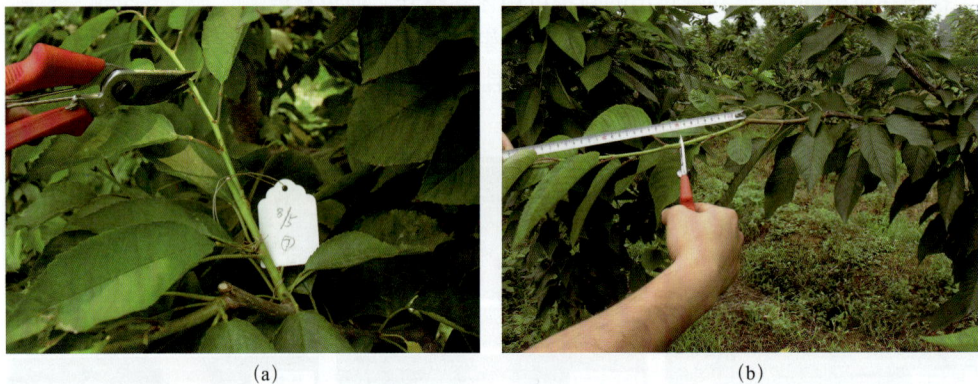

(a)　　　　　　　　　　　　　　　　(b)

图5-6　对背上枝和侧生枝进行多次摘心

注意背上枝摘心不宜过晚、过重，一般要在其长到 20cm 左右时就摘 10cm，以后再长出来 15～20cm 后再摘 10cm 左右，摘心过晚过重基部芽容易萌发（图 5-7）。整树摘心也不能过晚，进入 7 月中旬后不再进行，否则发梢不充实。早摘心者抽生短枝、叶丛枝多，成花容易；晚摘心者抽生中长枝多，成花也少。树体进入稳定结果期后，宜减少摘心数量和次数。

3. 摘心方法

甜樱桃摘心去叶对象是当年生旺长新梢（图 5-8），主要是着生在主枝背上、枝组

(a)

(b)

图5-7　背上枝摘心过晚过重造成基部芽萌发

背上或延长枝两侧的当年生枝，以及在生理停长期不会停长的枝（图5-9）。摘心和去叶相结合效果更好，即摘心分两道工序，先掐去幼嫩顶尖，然后摘去顶端3～5片嫩叶，保留叶柄即可。樱桃摘心一定要摘到大叶上，即去掉5～10cm的嫩尖。实行摘心去叶后，顶端不会重新出现蹿长，去叶后留下的第一、二片叶，由于营养积累增加，可使基部大部分叶芽形成优质花芽（图5-10）。

(a)

(b)

图5-8　旺长新梢盛花后15天开始摘心

图5-9　背上枝摘心后继续旺长

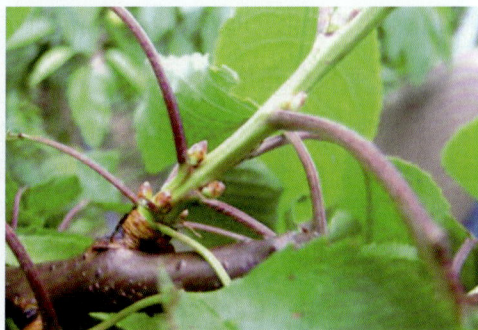

图5-10　樱桃摘心后基部形成优质花芽

四、甜樱桃其他促花技术

1. 刻伤

刻伤包括刻芽（目伤）、环切，一般在萌芽前 20 天进行。其通过阻止养分上行，使养分集中在中后部芽上，而促进新梢发生和果枝形成。刻芽就是用刀或钢锯在芽的上方横割枝条皮层，深达木质部一般半圈左右（图 5-11）。定植后的幼苗，通过目伤可促进主枝数量发生；幼树主枝刻芽可有效增加分枝和果枝数量。环切就是在主干分枝处下方环切一圈，深达木质部，以促进分枝后面芽的萌发。刻伤一般在萌芽前进行，作用是促发新枝和促成花，缓和生长势。环切在花芽分化期进行，通过阻止养分下行而促进花芽分化；环切容易造成流胶，在樱桃上一般不提倡使用。

(a)　　　　　　　　　　　　　　　　(b)

图5-11　樱桃树刻伤促进成花

2. 拧枝和扭梢

拧枝就是握住枝条像拧绳一样拧几下，做到伤筋动骨，叶片反转，在 1～3 年生枝上进行可缓和甜樱桃树势，促进花芽形成（图 5-12）。扭梢就是对当年生长旺盛的新梢在半木质化时用手捏住新梢基部将其扭转 180°（图 5-13），可抑制旺长，促生花芽，是背上旺长新梢有效控制方法。扭梢和摘心相结合，促花效果更好。

此外还有一种手法称为拿枝，拿枝时将旺枝自基部到顶部一节一节地弯曲折伤，做到响而不折，伤骨不伤皮，可缓和生长，提高萌芽率，促进花芽形成。这种方法一般在花芽生理分化期进行，也可用于处理二、三年生旺枝。

3. 改变枝条角度

就是改变甜樱桃枝条生长方向，缓和生长势，包括拉枝、撑枝、别枝、曲枝、坠枝、绑缚等。改变枝条角度能够控制枝条旺长，增加萌芽率，改变顶端优势，防止后部光秃，还可以合理利用空间，是樱桃幼树时促进结果的重要修剪方法。撑枝、坠枝、绑缚和拉枝有相似的作用，如图 5-14 所示。

五、综合应用，合理冬剪

甜樱桃花芽为纯花芽，一般在果实硬核期就已开始花芽分化。幼年、初果期树由

图5-12　幼树拧枝缓和长势

图5-13　旺枝扭梢

幼树撑枝

(a)

主枝和侧生枝拉枝

(b)

坠枝

(c)

绑缚

(d)

图5-14　改变枝条角度的常用方法

于成花困难，主要通过拉枝、摘心等技术促进花芽分化。拉枝在幼树定植后2～3年开始，树液流动后及早进行，最晚不超过5月中旬（否则当年成花不好），骨干枝开张80°，临时辅养枝拉成水平。进入初果期后继续拉枝，并结合冬剪培养结果枝组；主要修剪手法有留弱枝带头、戴帽修剪、短截、回缩等（图5-15）。

　　进入盛果期后，对于长势较旺的树继续拉枝固定角度；对于树势中庸，花芽多的樱桃树，促花措施要少用，主要应合理修剪，以调整营养生长和生殖生长的平衡（图5-16）。老树或衰弱樱桃树不能采用削弱树势的促花措施，如摘心、扭梢、夏剪、拉枝等，相反应该适当短截、回缩、留新梢等促进营养生长（图5-17）。

留弱枝带头

极重短截

背上极重短截

戴帽修剪

图5-15　樱桃初果期留弱枝带头、戴帽修剪、去强留弱等冬剪技术

弱枝带头

主枝侧枝强拉枝

摘心后戴帽修剪

修剪后樱桃树

图5-16　樱桃盛果期大树合理修剪促进稳产丰产

甜樱桃新优良种高效栽培技术

结果枝组回缩

疏弱枝

延长枝短截

修剪后主枝

图5-17　樱桃老树回缩、短截等复壮技术

第二节　甜樱桃花果管理技术

　　甜樱桃花期很短，主要管理工作包括花前花后浇水，开花时辅助授粉（图5-18），花期管理的重点是采用辅助授粉、预防晚霜等技术促进坐果。一般樱桃不疏花，重点疏掉畸形果，当坐果过多时对花束状果枝疏果，以增大果个。注意采用合理修剪改善光照、使用有机肥等措施提高果实内在品质。

一、辅助授粉

　　果树生产上把同一品种之间的授粉称为自花授粉，把不同品种之间的授粉称为异花授粉。果树自花授粉后，同品种的花粉完成传粉后不能正常受精结实的现象称为自花不实；同品种的花粉完成传粉后能正常受精结实并能得到生产上满意的产量要求时，称为自花结实。甜樱桃都是无性繁殖，绝大多数品种自花结实率极低，在授粉树不足或花量少的情况下需要人工辅助授粉，或利用蜜蜂等昆虫进行授粉。特别是设施樱桃栽培，因为缺少蜜蜂等昆虫，需要人工辅助授粉。

　　常用的人工辅助授粉方法有引蜂授粉、鸡毛掸子授粉、喷雾授粉、人工点授等。

图5-18 樱桃开花物候期和花期管理主要工作

1. 引蜂授粉

适用于授粉树占全园的20%以上、配置又较均匀的果园。为了提高坐果率，在开花期可以引进蜂群（图5-19）。方法是在开花前2～3天，将蜂箱安放在园内，以便蜜蜂能熟悉果园情况，远飞传粉。应用传粉昆虫——壁蜂或熊蜂，也可取得较好的效果。一般每公顷释放蜜蜂1～2箱，或释放壁蜂1000～2500头。设施内一般一亩地用蜜蜂1～2箱。

2. 鸡毛掸子授粉

当授粉树较多、但分布不均匀、主栽品种花量少时可采用鸡毛掸子授粉法，尤其适合设施内采用。具体做法是，当主栽品种花朵开放时，用一竹竿绑上鸡毛掸子（软毛的），先用鸡毛掸子在授粉树上滚动蘸取花粉，再移至主栽品种花朵上滚动，这样反复进行即可相互授粉（图5-20）。此法在阴雨、大风天不宜使用。在用鸡毛掸子授粉

图5-19 利用蜜蜂辅助授粉

图5-20 鸡毛掸子授粉

甜樱桃新优良种高效栽培技术

时，主栽品种与授粉品种距离不能过远。鸡毛掸子沾粉后，不要猛烈振动或急速摆动，以防花粉失落。授粉时，要在全树上下、内外均匀进行，以确保坐果均匀。

3. 其他措施

授粉树较少，或授粉树虽多，但当年授粉树开花很少以及授粉品种与主栽品种花期不遇的果园，在开花初期剪取授粉品种的花枝，插在水罐（或广口瓶）中，挂在需要授粉的树上，也可促进授粉。设施栽培的樱桃也可采用人工或花粉喷雾器授粉，但需要提前购买或自己制作樱桃花粉。花期喷硼，可促进樱桃坐果，硼酸或硼砂的使用浓度为0.2%～0.3%。于盛花期将花粉放入5%的蔗糖水溶液中进行喷雾授粉，也可促进授粉。设施内，当上午樱桃开花后，可在行间快速来回走动，以带动空气流动，促进授粉。

二、甜樱桃保花保果技术

1. 坐果

坐果就是经授粉受精形成的幼果能正常生长发育而不脱落的现象（图5-21）。樱桃坐果是形成产量的前提。坐果率过低，产量也低；坐果率过高，果实小，品质差，并削弱树势。影响坐果的因素有樱桃的品种特性，树体营养状况，花芽质量，开花时的授粉、受精情况和外界条件等。

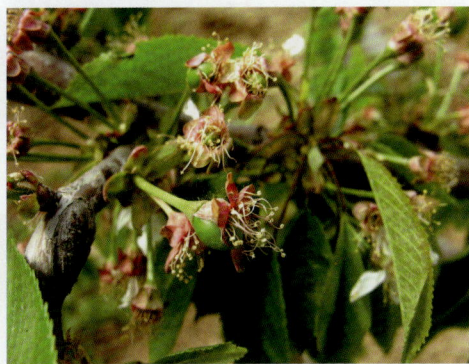

(a)　　　　　　　　　　　　　　　　(b)

图5-21　樱桃坐果

2. 落花落果

落花落果是植物的一种普遍现象。开花坐果与落花落果是生物延续种性和对不良环境的一种适应性，即通过生殖冗余确保后代繁衍。自然生长下即使坐果率较高的仁果类，也只有10%左右的果实最后留下。一般果树花蕾和花朵大量脱落，主要发生于开花前后；果实脱落则以花后2周和幼果期落果为主。此外，还有少量的成熟果脱落，即采前落果。有些地区樱桃常年落果严重，如何减少落果、提高产量是生产中需着力解决的问题，应引起高度重视。

樱桃落花现象不多，但有的产区前期落果较重。落果一般因花器发育不正常和授粉受精不良所致。和我国樱桃主产区山东相比，丰产樱桃园北京地区平均产量只有山东一半。多年的观察发现，北京地区樱桃落果相当一部分是花器官异常引起的，北京地区冬季干冷、夏季高温可能是造成花器官发育不正常的重要原因。在开花时，花器官的一部分发育不完善，无法正常授粉受精，进而造成脱落（图5-22）。另外，设施内落果现象一般较重，可能与授粉受精不良有关。

　　设施内经常落果严重，除了授粉因素外，也可能是开花过程中受了外界环境条件的影响（图5-23）。需要说明的是，并非所有授粉都是有效授粉，这是因为胚囊发育成熟后胚珠具有一定的寿命，而亲和的花粉落到柱头上后到实现精子与卵子结合需要一定时间。胚珠的寿命与授粉到实现精子和卵子结合所需时间之差为有效授粉期。显然，有效授粉期的长短直接影响坐果，长则受精的机会多，坐果好；反之，坐果差。花期干热、大风、低温等都会影响授粉受精。在设施内装备加温或补温设施，确保花期和幼果期温度是设施樱桃栽培需要着重考虑的环节（图5-24）。

图5-22　因花器官发育不完善造成的落果

图5-23　设施内没有正常授粉受精造成落果

(a)

(b)

图5-24　设施内安装加温或补温设施

　　营养不足也是造成落果的重要原因之一，当樱桃树枝条过多，营养生长过旺时，易造成郁闭状态，使光照过弱，叶片合成养分不足，中下层花发育受影响，易脱落。特别在临界落花区，光照强弱对是否落花起着重要作用。如在樱桃树冠内膛，由于光

图5-25 内膛弱枝坐果，易造成落果

照不足，造成花芽发育差，更容易落果（图5-25）。开花坐果期既要长新梢，也要开花坐果，养分竞争激烈，导致养分分配不均，也会造成落花落果，这是很多旺长樱桃树成花少，而坐果更少的原因。

3. 提高坐果率技术

甜樱桃坐果率低的果园，通过保花保果增加单位面积的结果数，对甜樱桃增产有重要意义。果树落花落果，除由自然灾害或病虫害所造成的以外，由于树体内在原因而造成的生理落果可按花、果脱落的先后顺序分为落花、前期落果、后期落果和采前落果，樱桃主要是前期落果。

提高坐果率的措施有：①提高花芽质量；②预防花期自然灾害；③花期放蜂；④高接授粉树或插花枝；⑤增加花期营养；⑥喷布生长调节剂等。

保花保果要根据果树落花落果的原因，因树制宜地进行。措施一般包括：合理修剪，保持适当的枝果比例；改善树体营养条件，使花器官发育正常、充实，数量适当；在此基础上，创造良好的授粉条件，如配置授粉树；果园生草降低夏季果园温度；山区或风口搭建防风障，减少大风和低温对树体的伤害。

常用的保花保果技术有辅助授粉（上文）、加强栽培管理和预防晚霜危害等。栽培管理主要是摘心、环剥等，可改变花期前后树体内部营养输送方向，使有限的营养物质优先供应子房或幼果，提高坐果率；花期或花后喷布人工合成生长调节剂保花保果；及时浇水、排涝，确保树体水分供应。只要技术到位，即使在设施内也可以实现优质丰产（图5-26）。

图5-26 通过保花保果技术提高设施内坐果率

4. 预防晚霜危害

（1）晚霜危害的成因　我国是典型的大陆性气候，樱桃产区地处北方，大陆性气候特性尤其显著。早春气候变化大，经常有冷空气活动，同时这个时期又是樱桃开花坐果的时间，非常容易发生冻害（图5-27）。晚霜多发生在凌晨，当气温骤然降至−2℃时，花和幼果就会遭受冻害，有时低于5℃的低温持续时间长也会对坐果造成伤害。凌晨霜冻时地面出现一层20cm的冷湿气层，会使樱桃树枝条、花芽、花朵等器官受冻。樱桃树从萌芽至开花期，花器官的耐寒性渐次降低，花蕾期遇−3℃的短期低温，开花期遇−2℃的短期低温，就会发生冻害。樱桃树的花芽，分化越完善抗冻性越差，花束状果枝花芽较中长果枝花芽分化完善，因此花束状果枝花芽易受晚霜危害。

晚霜造成樱桃树冻害的症状因冻害轻重而不同。当花芽冻害严重时，干瘪枯萎，外面包被的鳞片松散无光，一碰就脱落，子房和雌蕊会变黑腐烂；受害轻的，柱头和花柱上部变褐干枯。幼果受害轻时，剖开果实可发现幼胚变褐而果实仍保持绿色，以后会脱落；重时全果变褐很快脱落。枝条形成层遇晚霜受冻后，皮层很易剥离，形成层呈黑褐色；严重时，树皮开裂，枝条枯死。

(a)　　　　　　　　　　　　　(b)

图5-27　樱桃冬季受冻致死的花芽和花期冻害

（2）晚霜预防　甜樱桃树受晚霜冻害轻重，与栽树的地区、地势有关，平泊地、干涸河床、低洼地处栽植的果树，晚霜冻害较重，沿河两岸果园霜冻也重。沿海附近、水源地周围的果树冻害较轻；山顶、风口处的果园，树受冻害也轻。原因是海水、水源地的水以及水池和配药池中的水，热容量大，白天吸收的大量热量在夜间释放，可减缓气温剧变的影响；山顶、风口处，气温交换频繁，气温剧变也会减缓，因此，都起到减弱霜冻的作用。

预防晚霜冻害的措施主要有：①山地樱桃建园时宜选择缓坡地带，平原建园要在主风向建防风林带，以改变果园小气候。②经常发生晚霜危害的地区选择抗低温能力较强的品种。③加强肥水管理，多施有机肥，早春不要偏施氮肥，生长季节氮肥施量不要过多，增施磷、钾肥。④春季适时灌水，延迟果树发芽，花前灌水2～3次，可延迟花期2～3天。⑤花期注意天气变化和天气预报，最低气温降至5℃以下或地面最低温度降至0℃以下，则可能发生晚霜，霜冻来临前进行熏烟防霜，可提高气温1～2℃。在果园上风头放6～10堆（每堆约25kg或更多）熏烟材料（落叶、秸秆、杂草），每隔20～25m放1堆，点燃熏烟防霜，但点燃后应只冒烟不要发生明火；也可利用防霜烟剂，将硝酸铵20%、锯末60%、废柴油10%、煤末10%混合后装入铁桶内，然后点燃。⑥利用大型吹风机，在果园内隔一定距离设点，将冷气吹散，也可有消防止霜害。⑦树冠上安装喷管，在霜冻前喷水，结合地面灌水也可有效减轻冻害。

（3）土坑式熏烟防冻窖　近年来有学者设计了土坑式熏烟防冻窖，其烟雾大、持续时间长，也容易建造。防冻窖建设位置和数量根据果园分布、风向、风力大小具体确定。3级以上风力，设置在果园的上风口（根据降温当晚的风向来决定果园的上风口），加大熏烟的覆盖面，每亩8个；2级以下风力或无风天气，应在果园东西南北中梅花式布点，每亩 6～10 个。防冻窖规格（图 5-28）：长 1.5m、宽 1.5m、深 1.2m 的方坑或直径为 1.5m、深 1.2m 的圆坑；在窖底挖一个 0.3m 宽的通风道，通风道与通风口的水平线等高；可准备一个比通风口稍大的小木板，在底层秸秆燃透后，利用木板调节通风口的大小，通过控制燃烧达到熏烟的最佳效果，延长熏烟持续时间。

防冻窖的燃料：a. 在通风道铺一层 10cm 厚的秸秆，并踏实；较粗的木棍在通风道上方横排放置，再垫一层厚 5cm 的易燃秸秆，最后垫一层厚 20cm 较细的果树枝条，也要铺平、踩实；b. 利用粗一点的果树枝条或木棒将剩余的空间填满，切记材料要填充实，才能达到预期的效果；c. 材料填充后用牛粪、羊粪、锯末和成稠泥封顶（切记不要用土封顶，牛粪、羊粪、锯末铺 15～20cm 踏实，燃烧后期，根据情况随时添加牛粪、羊粪、锯末），封顶时留单口排烟道或多口排烟道，周边的缝隙尽量要封实，保证不燃烧（无明火熏烟效果好）；d. 准备一些废弃的柴油从排烟口注入，以起到烟雾缭绕的最大效果；e. 点燃时可利用小木板在通风口扇风助燃，短时间内即可形成大量的烟雾。

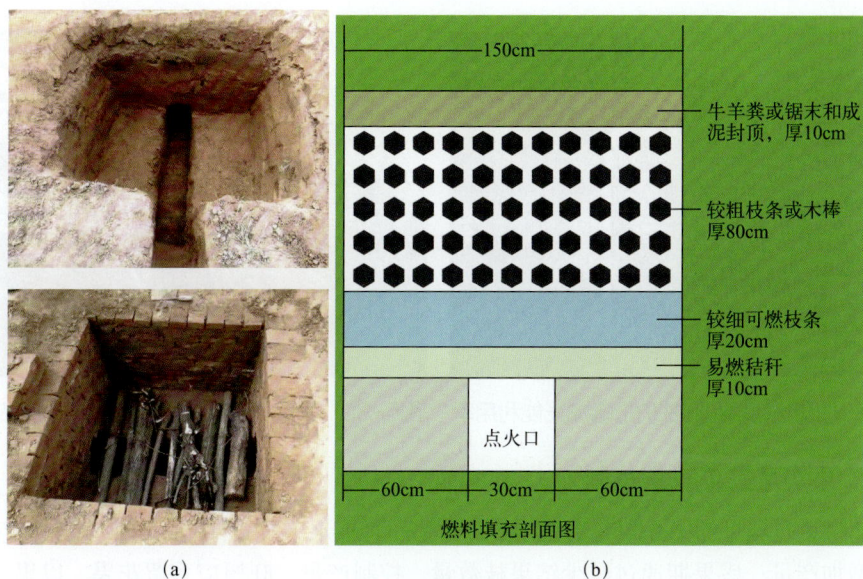

图5-28　土坑式熏烟防冻窖结构

防冻窖宜在每年清园时建造好。将每年清园的废弃物（如果袋、果枝、落叶等）作为填充材料，实现废物利用，一举两得。

三、甜樱桃果实负载量控制

一般情况下樱桃成花结果数量会超过其自身负载能力，需要疏花疏果；另外当果实坐果过多时，果个小，影响其商品价值。通过控制樱桃负载量，可有效增加单果重，减少大小年的发生，提高树势，延长结果年限。不过北京地区一般樱桃坐果率低，疏花疏果的任务不是很大，当成花过多时，可结合修剪对结果枝数量进行适当调整。

1. 影响甜樱桃负载量的主要因子

首先，影响果实产量的主要因子与甜樱桃树冠光能利用的能力有关。因此，果实产量指标的确定，应首先考虑光能利用状况。而提高光能利用率有两条途径：一是通过适当密植及合理修剪，改善肥水条件等管理措施，扩大有效光合面积，提高光合效能；二是控制营养器官消耗，调节光合产物合理分配，增加向花芽、果实分配比重。其次，果实本身存在质与量间的矛盾和制约关系。同一条件下，果实量与质的制约现象，在超负载情况下，表现尤为突出。高产需要密植和增加枝叶数量，以增加光能截获（图5-29）；而优质又需要降低密度、减少枝叶，以改善光照条件（图5-30）。因此，现代樱桃生产中，果实适宜负载量应以保证提高优质果比例为前提。此外，樱桃不同树种、品种对外界环境条件的要求与适应性也是影响果实负载量的重要因素。环境条件中尤以光照影响最大，除影响光合作用外，温度特别是低温常是果实负载量的一个主要限制因子，甚至影响到某一区域能否栽培某一树种。

图5-29 带状栽培和圆柱树形增加光能利用率

图5-30 采用篱臂形树形改善光照，提高品质

2. 果实适宜负载量控制

甜樱桃负载量的确立主要考虑树龄、树势、管理水平等条件。幼树主要通过促花技术，增加产量；盛果期通过减少结果枝数量，控制产量。旺树应多留花果，以果控树；衰弱树应少留花果，多留营养枝，以提高树势。水肥条件高的樱桃园可适当多留果，管理差的宜少留。一般高产樱桃园亩产可控制在1500kg左右，一般樱桃园为1000kg左右。

山东高产樱桃园亩产可达1500～2000kg；北京地区甜樱桃坐果率低，高产果园亩产一般在750～1000kg。因为樱桃果实小，疏花疏果困难，而且春季晚霜危害、坐果率低等因素影响，在生产中一般不疏花。主要产量控制手段是通过修剪控制结果枝数量，幼树和产量低的樱桃树多留结果枝，适当疏剪营养枝，特别是减少旺长枝，以缓和树势，增加产量。产量高、树势弱的樱桃，主要通过果枝回缩、营养枝短截等手段减少开花结果数量，增强树势。当樱桃坐果过多时（图5-31），应在稳定坐果后及时疏果，一般每个花束状果枝留果2～3个（图5-32）。留果过多会严重影响樱桃果个大小，显著减少一级果率。

(a)

(b)

图5-31　樱桃枝组坐果过多

(a)

(b)

图5-32　樱桃枝组坐果比例适当

设施甜樱桃对果实需要精细管理，留果必须坚持留壮枝结的果，疏去后开的花。花后15～20天疏除畸形果（图5-33、图5-34）、小果，双果的应去1个，一般长果枝留3～5个，中短枝留3～4个，花束状果枝留2～3个。尽量留侧生果，少留背上果和背下果，果实分布要均匀。樱桃"大小年"的现象较轻，但设施樱桃易出现叶

图5-33　因发育不良造成的畸形果

图5-34　因授粉受精不良产生的畸形果

片早衰，于8～9月份大量早期落叶，有时造成早秋花芽提前开放，严重影响来年产量。所以设施内樱桃采收后，需要进行选择性重回缩，实施更新修剪，可防止隔年结果；回缩更新修剪最好与地下断根处理相结合，一般和挖沟追肥相结合（见上文）。

四、甜樱桃果实品质提高技术

1. 果实发育期

樱桃属于核果类，果实包括外果皮、中果皮（果肉）、内果皮（硬核）、种皮和胚。人们吃的是中果皮。果实的发育期短，从开花到果实成熟一般35～55天。甜樱桃的果实发育可分为三个阶段（图5-35）：

第一阶段：从谢花至硬核前。主要特点为果实（子房）迅速膨大，果核（子房内壁）迅速增长至果实成熟时的大小，胚乳亦迅速发育。这时期发育时间不同品种表现不同，一般10～15天左右。该阶段结束时果实大小一般已达到采收时的2/3。第一阶段是果实迅速生长期，对樱桃产量有非常重要的作用。

第二阶段：硬核期。这一阶段果实大小增长缓慢，果核变硬；发育形成胚，胚乳被吸收消耗。这阶段一般为10天左右。如果硬核期发育受阻，果核不能正常硬化，果实会变黄，进而萎蔫脱落。

第三阶段：硬核到果实成熟。这个时期果实开始第二次膨大，横向生长大于纵向生长，果实开始着色。含糖量和香味等内含物迅速增加，这个阶段一般需要12～20天。该阶段果实生长量占果实大小的1/3左右，是果实品质形成的关键时期，如果高温会加速成熟，但降低品质；如果遇雨容易造成裂果。

甜樱桃是果树里面果实发育期最短的，极早熟品种的发育期只有30天，一般品种果实发育期不超过60天。樱桃果实生长发育又与新梢生长重叠，即生殖生长和营养生长竞争树体内营养和光合产物。因而，足够多的储藏营养和均衡的生长势是确保樱桃果实正常发育的前提。

图5-35 甜樱桃果实生长发育过程

坐果 → 第一次膨大 → 硬核 → 第二次膨大（转色） → 成熟

辅助授粉
浇水保墒
摘心扭梢
浇水割草
摘心扭梢
采收销售
采摘

2. 影响果实品质形成的因素

（1）果实种子　樱桃如果没有种子就不能正常坐果，种子能为果实生长发育提供所需的生长激素，所以没种子的果实最终坐不住果。

（2）树体储藏养分　樱桃萌芽、开花、结果及果实生长需要的营养物质主要依赖于树体内上年储藏的养分，当储藏养分不足时果实细胞分裂会受到影响，果个变小，果实内在品质也会受到影响（图5-36）。在花芽生长发育过程中，即在生长季保证树冠有足够的光照、补充叶片营养，可以提高树冠光合作用，确保来年樱桃的产量和品质。

图5-36　光照和果实品质关系示意图

（3）环境条件　高品质的樱桃生产需要适宜的环境条件，主要是充足的光照、适宜的温度、合理的灌水、肥沃的土壤等。生产中主要通过选用高光效树形、合理修剪改善光照，通过果园生草调节果园小气候，通过合理施肥灌水改良土壤环境，通过防护林、风障等降低风害，等等。

3. 甜樱桃品质提高技术

（1）果实色泽　樱桃果实的颜色形成主要与色素有关，影响果实色泽的色素主要有类胡萝卜素和酚类色素。提高着色的技术：果实生长期间控制氮肥用量，补充磷、钾肥。此外，还可应用增色剂，促进果实上色。

（2）果实硬度　果实硬度指果肉质地抵抗某种外来机械作用的能力。当水分充分时，果肉细胞和果实体积大，细胞间隙大，果肉组织松软，果实硬度低，硬度低的樱桃容易裂果（图5-37）；樱桃采收时和采收后温度高，果实也会迅速变软；樱桃树施氮肥多，果实硬度低，果肉变软快，所以采后樱桃果实应马上预冷。采收前，光照充分，果实糖分积累多，果实硬度高；海拔高，昼夜温差大的地区硬度大。另外，有些地区碱性

图5-37　雨后裂果

土壤多，樱桃容易缺钙，造成硬度降低、不耐贮藏；可通过落叶和萌芽前后树干涂钙肥等措施增施钙肥，也可坐果后叶片补钙。

果实硬度的调控：根据樱桃种类以及栽培目的，采取相应措施。首先选择适宜品种，如布鲁克斯等属于硬度大的优良品种；其次，要加强栽培管理，提前补充钙营养，通过采后、夏季打药时补充钙肥，在秋后和萌芽前树干涂抹氯化钙等矿物质肥。樱桃采收时正值初夏，温度高，采后又不能及时入冷库，也是许多果实变软不耐藏的重要原因，大型果园宜建冷库，采后宜直接放入冰水中降温，再包装运输。

图5-38 有机果园樱桃含糖量高

（3）果实的营养 果实的营养主要是碳素营养和有机酸，碳素营养主要是糖、糖醇和淀粉。有机酸主要是苹果酸、柠檬酸、酒石酸和抗坏血酸。影响果实风味的不仅是糖和酸的种类，更和糖酸比有关，糖酸比是决定果实风味品质的重要因素之一。当温度高时可促进果实有机酸的分解，增大糖酸比。光照充足，促进果实糖分积累，也能增大糖酸比。施氮肥多，果实积累有机酸多，糖分少。改良土壤、使用有机肥可有效提高樱桃果实含糖量（图5-38）。合理施磷钾肥能提高果实的糖酸比，樱桃对钾元素的需求量比一般果树多。

（4）果实的香味和涩味 樱桃果实的芳香物质主要是挥发性醇、醛、酮、脂和萜类化合物。果实的涩味是因为果实含大量的单宁（即鞣质）。当土壤有机质含量高、养分均衡时果实香味浓郁。果实养分积累多时芳香类物质也明显增加。

总的来说，果实品质的形成及影响品质的因素极其复杂，目前对于樱桃品质的研究也不很充分。能有效提高樱桃品质的技术主要包括：选用优良品种、果园生草、使用有机肥料、改善光照、保护叶片等（图5-39）。

(a)   (b)

图5-39 樱桃果园生草和使用有机肥料提高内在品质

甜樱桃新优良种高效栽培技术

第六章

甜樱桃整形技术

整形修剪是甜樱桃栽培管理的关键技术环节之一，也是最难掌握的环节，需要认真学习、不断实践、反复体会。整形主要是通过合理配置骨干枝的数量和分布，使树冠形成一个良好的框架，为增加树冠光能截获和树冠内光照分布提供基础。修剪就是通过短截、疏枝等手段对樱桃各类枝条进行处理，树形、主枝和结果枝的培养主要是通过修剪实现的。我们一般把拉枝、摘心等夏季措施也当作广义上的修剪技术。整形修剪也不是万能的，需要和土肥水等管理措施配合使用，才能达到预期目的。

一、整形修剪的目的

1.调节光照分布，提高产量及品质

光合生产力的大小是果树产量的决定因素，合理的树形结构可以有效增加樱桃树冠光能截获率，提高产量，在幼树阶段尽快让树冠成形的目的就在此。合理的树形结构还可改善枝叶的分布，提高光能有效利用率，增加结果体积。

樱桃树的花芽分化、产量形成和品质提高都需要足够的光照，前人的研究表明相对光照低于30%时，果树的花芽分化和品质就受到严重影响。对于盛果期樱桃来说整形修剪的主要目的是维持良好的树体结构，控制合理的枝叶量，为果实品质形成提供保证。所以当树冠郁闭时，要进行改造，以增加树冠光照。

2.调节营养生长和生殖生长的平衡

生长与结果的平衡是樱桃修剪调整的主要内容。营养生长是基础，结果是在健壮生长前提下的必然趋势；生长过弱、过旺都不利于结果。结果可以促进营养器官生理

功能的加强，但结果过多又削弱营养生长；只有生长健壮才有利于稳产高产。通过合理修剪，可实现生长和结果均衡发展，为高产、稳产、优质创造条件。在樱桃幼树期通过选留大角度主枝、拉枝开张角度、甩放多留枝、环剥、刻芽等技术促进果树由营养生长向生殖生长转变。如图6-1所示为通过扭梢、重短截促进幼树早成花。对于老果树主要是减少夏剪，通过多回缩、疏剪，多选留营养枝等技术复壮树势，延长结果年限。

(a)

(b)

图6-1　通过扭梢、重短截促进幼树早成花

　　樱桃以花束状果枝结果为主，通过多年观察我们发现当花束状果枝叶片数少于7片时很难成花，7片叶成花偏弱，超过7片叶时才能顺利形成花芽（图6-2）。因此幼树期提高产量的关键是促进樱桃养分向果枝转移，主要手段包括刻芽、环切、拉枝、短截、回缩、去强枝留弱枝、戴帽修剪等。而且花束状果枝不成花，2～3年后就会衰弱，不再萌发，逐渐形成光腿枝。

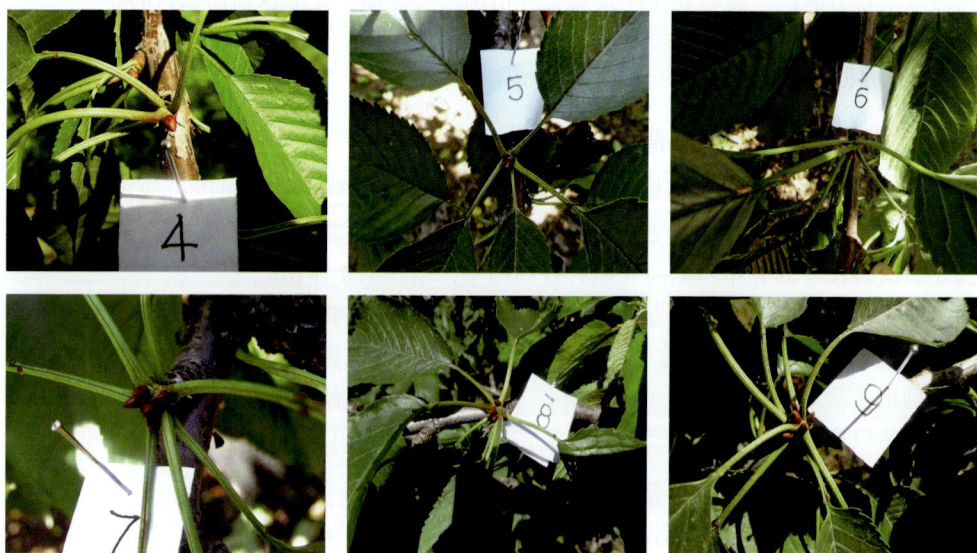

图6-2　不同叶片数花束状果枝的成化情况

　甜樱桃新优良种高效栽培技术

3. 调节树体各部位均衡关系

维持树体各部分之间的平衡，也是修剪的重要目的。正常生长结果的樱桃，其树体各部分和器官之间经常保持着相对平衡。修剪可以打破原有的平衡，建立新的动态平衡，使之朝着有利于人们需要的方向发展。例如地上地下部分的养分供应就存在对应关系，主根和树头营养相对应，即主根吸收的矿物质营养主要供应树头，同样树头制造的光合营养主要供应主根；同一侧的树冠（主要是外围长枝）营养和同侧根系营养也存在对应关系（图6-3）。在修剪中要注意地上部和地下部的动态平衡规律，如落头时要逐年落头，不要一步到位，以免影响主根生长。

同类器官之间也应维持均衡，以免扰乱树势。在樱桃树上，常出现强枝越来越强，弱枝越来越弱的现象，需要通过修剪加以调节，以利于均衡生长结果。一般来说对于背上枝、竞争枝要及时疏除；对于幼树、旺树，要去强留弱；对于老树、弱树要多留旺条，回缩结果枝。

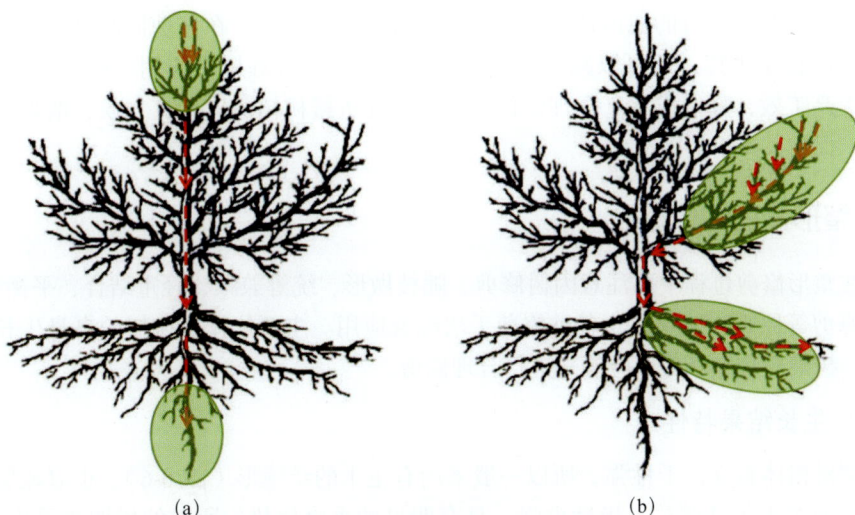

(a)   (b)

图6-3 树冠不同部位营养对应关系

4. 调节树势，延缓结果年限

短截特别是重短截可以刺激新枝的发生（图6-4），但是对于整株来说，枝叶量减少了，其整体上受到了抑制。甩放可以保留较多叶片，有利于整体树冠形成和生产力提高，但是对于局部来说得到的光照和矿物质营养都少了，不利于花芽形成。拉枝、刻芽可以缓和树势，促进中短果枝和花束状果枝形成（图6-5）。

樱桃树进入盛果期后，经过几年大量结果，会造成树势衰弱，同时树冠大了，大量芽子和枝叶的生长也会消耗更多养分。通过回缩、短截等修剪，既可节约养分，又可减少来年花芽数量，起到疏花疏果的作用，进而恢复树势，延长结果年限。

| 图6-4　通过短截促进延长枝新梢发生 | 图6-5　通过拉枝、刻芽促进果枝形成 |

5. 其他作用

樱桃树冠郁闭，容易滋生各种病虫害，同时打药也非常困难。通过合理修剪增加内膛光照，改善树冠的通风透光条件，可减轻病虫害发生；在修剪同时将病弱枝、感染病虫的枝条去掉，还可以减少病虫害的基数。通过合理树形应用、树冠高度控制，也能提高工效，降低成本。合理的修剪也可以促进樱桃树适应不良气候，增强其抗逆能力，促使其栽培范围扩大。

二、整形修剪的依据

在整形修剪过程中要注意因树修剪、随枝做形、统筹兼顾、轻重结合、平衡树势、周年修剪等原则，还要注意各种修剪手法综合应用。主要依据樱桃树的自身生长结果特性、树龄树势和修剪反应等来进行合理修剪。

1. 生长结果特性

樱桃树体直立，干性强，所以一般采用有主干的纺锤形（图6-6）、小冠疏层形等树形。而主干包括侧枝，极性也强，具有明显的垂直优势，所以幼树期要采用拉枝、撑枝等手段，开张主枝角度，扩大树冠，缓和树势。

樱桃的萌芽率高、成枝力低，应适当多短截、留桩等促进新梢发生。幼树阶段樱桃生长旺，以长中短果枝结果为主，多摘心、扭梢等，增加结果枝数量。进入盛果期后，樱桃以花束状果枝结果为主，应多回缩、短截，促进枝组健壮，延长结果年限（图6-7）。樱桃老树生长弱，应疏掉部分骨干枝，促进树体复壮（图6-8）。

2. 根据不同物候期科学修剪

在休眠期果树制造的营养已多数回流至主干和根系，休眠期修剪树体营养损失少，要全面细致修剪，既调整树形，也调整枝组（图6-9）；生长季正是樱桃制造营养时期，主要对当年生枝修剪，重点采用促花措施。需要特别指出的是，樱桃树在采后夏剪（图6-10）时，可对部分多年生枝进行处理，这样既能缓和树势，也能改善内膛光照。

图6-6 采用纺锤形树形

图6-7 回缩复壮结果枝

(a)

(b)

图6-8 老树疏除部分大枝，以节约养分、复壮树势

图6-9 樱桃冬季修剪

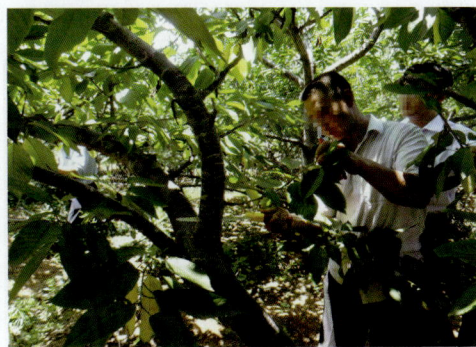
图6-10 樱桃夏季修剪

3.樱桃修剪反应

樱桃是多年生作物，修剪是否科学合理，都会在树体上留下明显的痕迹，这就是果树的修剪反应。如果，修剪后的生育状态符合目的要求，说明修剪方法合理，程度掌握适宜（图6-11、图6-12）；反之，则说明修剪失误，要查找原因，不断改进。由此可见，果树修剪反应是上述因素的综合体现，是果农进行合理整形修剪最主要的依据。

图6-11　背上枝重剪后基部芽形成结果枝

图6-12　弱枝带头和摘心促进新枝成花

櫻桃芽具有晚熟性，萌芽力强，成枝力弱；一般来说新枝中部的芽饱满，基部芽和前部芽发育不好；上位的芽容易向上徒长，下部的芽角度大。幼树时为促进侧枝发生，对延长枝多在下位芽进行中短截；对徒长枝进行重短截，以促进来年弱的结果枝发生。

4. 修剪具有双重作用

修建的双重作用是指短截、回缩等手法对局部有刺激作用，可促进局部生长；但对全树来说减少了枝叶量，整体会受到抑制。幼、旺树抑制作用强，修剪越重，表现越明显。成年树（花芽多的树、老弱树），则促进作用强。

在生长季修剪，抑制作用强，因为地上部分被剪除，导致叶片减少，光合作用降低，营养物质减少，最终导致根得到的养料减少（图6-13）。而在休眠期修剪，促进作用强，因养分已运到根系储藏起来，只剪去了一些弱枝，增加了剩余部分养分相对供给量，在剪口处表现的促进作用更明显（图6-14）。

图6-13　春季通过短截抑制生长

图6-14　冬季通过短截刺激新梢发生

5. 地域、立地条件等影响

不同地域、不同立地条件和管理要求等对修剪都有重要影响。例如北京地区樱桃甩放成花困难，抗性差，并且花束状果枝结果为主容易造成果个小，难以满足顾客对果品的需求，因此提倡强枝培养主枝，并以枝组结果为主（图6-15、图6-16）。

（a）甩放修剪

（b）短截回缩

图6-15　甩放修剪坐果率低、果个小，短截回缩培养的枝组坐果率高、果个大

（a）花束状果枝结果为主

（b）枝组结果为主

图6-16　花束状果枝结果为主果个小，枝组结果为主果个大、优质果比例高

6. 周年修剪，夏剪为主

　　樱桃幼树成花困难，因此需要加强拉枝、摘心等夏季修剪工作，夏剪到位，冬剪工作量也会减少（图 6-17、图 6-18）。还应注意各种修剪技术综合应用。

图6-17　加强周年管理

图6-18　通过拉枝、摘心等促花

一、樱桃树体结构

　　樱桃树的树体结构一般指地上的树冠，由主干、主枝、侧枝、枝组等组成，生长季还有叶片和花果。树体结构多是针对单株树而言的，一般人们把地上树冠修剪成一定的形状（称为树形），以更好地接受光照和管理。果树树体结构（地上部分）各主要部位的名称如图 6-19 所示。

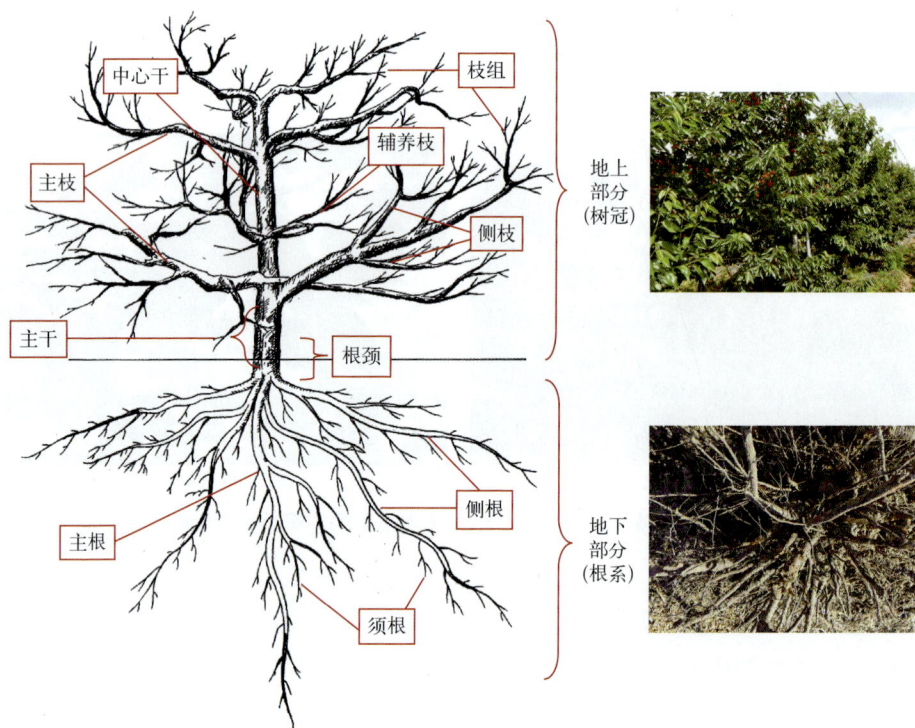

图6-19　樱桃树体结构

　　主干是指从地面到第一主枝处的部位，其长度称为干高；中心干是着生主枝的部分，其长度决定树冠高度；主枝上大的侧枝也称为大侧枝；主枝和大侧枝称为骨干枝，树形主要由骨干枝来维持；幼树时中心干着生的临时结果小枝称为辅养枝；幼树阶段中心干最上面称为树头，进入盛果期后一般去掉。

　　果树的地下部分是指整个根系，包括主根、侧根和须根，在主根和主干之间由根颈相连。根颈部位是嫁接口连接的部位，最容易受冻。

　　果树整形就是采用修剪等技术手段，为果树建造一个能负担一定产量、保证一定质量、能合理利用光能和土地面积的树形。一个好的树形从开始建造到树的死亡有一个不断变化的过程。樱桃树整形是果树栽培管理中一项要求较高的技术措施，希望广大果农高度重视，反复观察，勤于实践。

二、樱桃常用树形及其特点

根据樱桃生长特性和管理要求，人们一般选用纺锤形、细长纺锤形、超纺锤形、小冠疏层形、主干形、疏散分层形、丛状形、自然圆头形、延迟开心形、篱臂形等树形。由于樱桃是一种新兴的果树树种，大家对其研究还不很深入，其树形结构和参数主要参考苹果、桃树等果树设计。目前我国乔化樱桃树纺锤形应用最多，矮化树细长纺锤形应用最多。

1. 纺锤形

纺锤树形有健壮中干，主干高 50cm 左右，树高 4m 左右；配主枝 12～15 个，主枝间距 30～40cm 左右，方向交错、近水平生长，主枝上直接着生大中小型结果枝组，没有大侧枝（图6-20、图6-21）；一般主枝粗度要小于所着生中干直径的 1/3。多用于乔化砧木，一般 3m×4m 定植，后期可改为 4m×6m；或直接 3m×5m 定植。进入盛果期后一般主枝数量会减为 9～12 个。该树形最大的优点是成形快、产量高，对恶劣环境适应性强；缺点是进入盛果期后树冠容易郁闭，需要及时调整枝组大小，而且成形过程中利用强势枝，在进行强拉枝、反复摘心等工作时比较费工。

(a)　　　　　　　　　　　　(b)

图6-20　9年生樱桃树体结构和结果情况

(a)　　　　　　　　　　　　(b)

图6-21　20年生樱桃树体结构和结果情况

2. 细长纺锤形

该树形和纺锤形类似，但树冠比纺锤形小，更加细长（图6-22）。有中干，干高50cm左右，树高3.5m左右；配主枝20～25个，主枝间距20～30cm左右，方向交错、近水平生长。一般按照2m×3m或2m×（3.5～4）m定植。该树形主枝上不配大型结果枝组，直接着生中小型结果枝组。

对于矮化樱桃树，其纺锤形主枝和该树形类似，一般树高控制在2.5～3m左右，主干上配小主枝12～15个，株行距2m×3m（图6-23）。

(a)   (b)

图6-22 细长纺锤形树体结构和结果情况

(a)   (b)

图6-23 矮化樱桃纺锤形树体结构和结果情况（3年生）

3. 超纺锤形

比细长纺锤形还细长（图6-24），适合矮化砧木和高密度栽培。维持强壮中干，干高50cm左右，树高3.5m左右；在中干上直接配单轴延伸的小主枝（类似大的结果枝组）30～40个，株行距（1～2）m×（3～3.5）m。该树形适合矮化砧木，容易早期丰产，树形简单，适合机械化管理。在幼树阶段要强拉枝，主枝刻芽，促使尽快成花。

4. 小冠疏层形

该树形干高50～60cm，树高2.5～3m；全树有主枝6个，第一层3个，第二层

甜樱桃新优良种高效栽培技术

图6-24　超纺锤形树体结构（3年生）和结果情况

2个，第三层1个（图6-25）；第一、二层间距0.8～1m，第二、三层间距0.6m；第一层主枝配1～2个大侧枝（近年来已不提倡大侧枝），二、三层主枝没有大侧枝，直接着生结果枝组。该树形适合密植栽培，株行距2m×（3～3.5）m。该树形由苹果小冠疏层形移植而来，在烟台等地应用较多。

图6-25　小冠疏层形树体结构

5. 丛状形

丛状形起源于欧洲，也有人称之为西班牙丛状形（图6-26）。该树形没有主干，有4～5个主枝，每个主枝有4～5个大型枝组。该树形管理简单，枝组甩放成花，主要是在第二三年重短截培养单轴延伸枝组。缺点是控制不好容易徒长。澳大利亚学者将丛状形改进为KGB树形（图6-27），直立枝组更多，初期以短果枝结果为主，后期宜改为丛状形。

6. 篱臂形

该树形利用支架将主枝在南北方向固定，分5～7层，主枝12～14个，在主枝上直接培养结果枝结果，以花束状果枝和中短果枝为主（图6-28）。该树形光照条件好，品质高，但产量低。

7. 延迟开心形

幼树期培养和纺锤形类似，干高40～50cm，进入盛果期后逐年落头开心，留主

图6-26　丛状形树体结构

图6-27　KGB树形

(a)

(b)

图6-28　篱臂形树体结构和主枝结构

枝5～7个；干性强的那翁类品种中干可保留3～4年，以控制上强，待树势稳定后疏除（图6-29）。在乔化砧木上培养的纺锤形、分层形等树体结构进入盛果期可向延迟开心形过渡，以改善光照条件，提高品质。

　　此外，樱桃还有Y字形、双干整枝、多干整枝、圆头形、圆柱形等树形（图6-30～图6-34）。从各地实践应用的情况看，在乔化樱桃树上应用纺锤形较好，矮化樱桃应用细长纺锤形较好。下面就以这两种应用最多的树形为例，介绍一下樱桃树形培养技术。

图6-29　樱桃延迟开心形树体结构

图6-30　樱桃Y字形树体结构

　甜樱桃新优良种高效栽培技术

图6-31　高密度带状栽培的圆柱形树体结构

图6-32　高密度栽培的多干整枝树形

图6-33　自然圆头形

图6-34　双干整枝树形

第三节　纺锤形整形技术

纺锤形是樱桃应用最多的树形，它成形快、产量高，既适合乔化砧木，也适合矮化砧木。其主要结构如图 6-20、图 6-21 所示，下面仅以乔化纺锤形培养为例，介绍一下该树形培养流程和关键技术。

一、幼树树形培养

1. 短截促发主枝

幼树定植一定要选用健壮大苗，要求嫁接口以上粗度达到 1.2cm，高度超过 160cm；最好选用三年根或四年根有分枝的大苗，这样成形更快。定植后一般在 80～100cm 处找饱满芽定干，当年可萌发出 3～4 根新枝，当作主枝培养。当年萌发的新枝 8 月中下旬开始拉枝，拉到 90°（图 6-35）。以后每年对主干留 60cm 左右定干，促发新主枝（图 6-36）；主枝延长头 40cm 左右留下芽短截，促发新的侧枝。

图6-35　定植后第一年树体结构

幼树期间要及时浇水追肥，定植当年在新梢长出15cm后追肥4~5次，每次每亩地用肥3.5~5kg，前期用尿素，后期用磷酸二氢钾。第二年以后施肥可参考土肥水管理部分。

需要特别指出的是在冬季寒冷地区或山区等不太适宜樱桃生长的地区，修剪樱桃时不宜采用刻芽、扭梢等技术培养主枝和枝组；主要通过短截萌发旺枝来培养主枝和枝组，然后摘心促进成花，这样培养出的主枝和枝组长势旺（图6-37），树体抗性强，结果寿命长。对于山东、河南等产区，以及我国南方等地，可适当采用刻芽、扭梢等措施培养主枝和枝组。本节枝组培养以北京樱桃树为例，主要采用短截技术；下一节矮化树培养，以山东樱桃树为例，主要采用刻芽和扭梢技术，相关方法也可在乔化树使用，希望读者根据自身实际情况予以选择。

(a)

(b)

图6-36　定植后第3年樱桃树定干和主枝短截

(a)

(b)

图6-37　通过短截和摘心技术培养枝组结果情况

甜樱桃新优良种高效栽培技术

2. 强拉枝成形促花

定植后第四、五年时，樱桃树的主枝数量就够了，一般留主枝12～15个，树高控制在3.5～4m（图6-38）。树头要及时去掉，不要将树头拉平当主枝用，以免扰乱树势。

樱桃树长势强，枝条直立，难以固定。当主枝形成后当年8月中旬就要强拉枝（图6-39），并在幼树期和结果初期连续强拉枝，一般早春集中进行，全年注意维持，通过拉枝促进尽快成形和结果。一般要将主枝拉平，对于中上部主枝也可采用撑枝的方法开张角度，樱桃主枝较难固定，拉枝需要持续到初果期（图6-40、图6-41）。

图6-38 纺锤形樱桃幼树树体结构

图6-39 新生主枝8月中旬拉枝

图6-40 定植后第六年纺锤形树体结构

图6-41 定植后第九年纺锤形树体结构

3. 盛果期后树形维持

一般第7、8年以后樱桃就进入了盛果期，在此以后要注意维持树形，实现稳产丰产。10～15年生的纺锤形樱桃树，主要注意控制上强，即去强留弱、减少枝组数量，特别是应及时疏掉大的结果枝组，不要让上层的主枝长大。当中下部主枝大量结果后，也可去掉部分过密主枝（图6-42），一般15年生时保留12个左右的主枝，20年生时保留8～10个左右。树形调整主要针对多年生主枝和大侧枝，一般在冬季进行；对于初果期的樱桃，如果树势较旺也可在采收后落头，去掉上层个别过密主枝。纺锤形不培养大侧枝，当侧生枝组长大后要及时去除（图6-43）。

图6-42　成形以后逐年调整骨干枝

图6-43　及时去掉大侧枝

樱桃树容易因流胶、根瘤等原因死亡，所以生产中 3m×4m 或 3m×5m 定植的果园，一般结果后不对种植密度进行调整（图 6-44）。当主枝交叉后可以进行回缩、疏枝等处理。对于管理水平较高，树势健壮的樱桃园，进入盛果期后也可调整密度，一般可通过缩冠间伐手段将 3m×4m 株行距逐渐调整成 4m×6m（图 6-45）。

图6-44　樱桃15年生纺锤形树体结构

图6-45　25年生4m×6m樱桃园

二、主枝培养技术

1. 幼树期主枝培养

当中干长出新梢后，选择健壮枝条当作主枝培养，并在当年 8 月份拉枝；以后每年对主枝延长枝春季摘心，冬季中短截，延长枝过旺时可选背下枝换头；短截后主枝两侧萌发的新梢春季摘心，冬季修剪时对萌发的新枝短截，中庸枝中短截，旺枝重短截，徒长枝和背上枝极重短截（图 6-46）。

第二年开始对主枝强拉枝、摘心以促进花芽分化，管理技术到位第三年就可成花结果，第四年乔化樱桃亩产量也可达 150kg（图 6-47）。

2. 初果期主枝培养

对于 5～9 年生初果期的樱桃树，主要任务是在主枝上培养大、中、小型的结果枝组。

甜樱桃新优良种高效栽培技术

(a)   (b)

图6-46　樱桃幼树主枝修剪

(a)   (b)

图6-47　通过拉枝、摘心等促进幼树主枝早成花（4年生乔化树）

培养技术包括：继续强拉枝维持树形；主枝延长枝和侧生枝组延长枝摘心、短截、弱枝带头促进健壮结果枝组发生（图6-48）；侧生枝别枝、拉枝促进成花；以侧生枝组结果为主，后部大、前部小，呈等腰三角形（图6-49）；通过重摘心、极重短截等在有空间处培养背上小型结果枝组（图6-50）（详见第七章）。

(a)   (b)

图6-48　樱桃初果期主枝延长头冬季弱枝带头，春季新梢摘心

(a)   (b)

图6-49　初果期樱桃主枝拉枝、短截、别枝后的枝组分布

(a)   (b)

图6-50　初果期樱桃主枝结果情况

3. 盛果期主枝维护

进入盛果期后主枝两侧的结果枝组基本形成，主要任务是通过短截、回缩等维持稳定的主枝结构，使枝组在主枝两侧均匀分布、左右对称、长势一致（图6-51）。主要任务通过冬季修剪完成（详见第七章）。

(a)   (b)

图6-51　盛果期樱桃主枝结果情况

第四节 矮化樱桃纺锤形整形技术

樱桃虽然管理比一般果树容易，但在幼树阶段成花难，拉枝、摘心、扭梢、刻芽等促花管理费力费工。矮化砧木成花容易，树体矮化也便于实行机械化管理，最常用的树形也是纺锤形。矮化樱桃纺锤树形培养基本流程、方法和乔化树纺锤形培养类似，但在技术细节上也有明显差异。

首先矮化树一般树高控制在 2.5～3m，乔化树一般 3.5～4m；矮化树主枝除强调摘心外，还结合刻芽、扭梢促进早成花，乔化树因要培养健壮结果枝组，一般不刻芽、扭梢（在山东、河南等暖温带产区可适当刻芽、扭梢等）；矮化树密度一般在 2m×3m，乔化树一般 3m×4m 或 3m×5m；矮化树树形第三年就基本成形，结果枝组培养只需要 2～3 年，乔化树一般需要 5～6 年，对主枝上结果枝组培养还需要 3～4 年；矮化树在主枝上直接培养长、中、短和花束状结果枝，部分中长果枝转化为小型结果枝组，不培养大中型结果枝组，乔化树主枝上培养各类大、中、小型结果枝组。矮化樱桃纺锤形整形技术介绍如下。

一、树形培养

1. 大苗定植

矮化树培养首先要选健壮大型苗木，一般要求苗木剪口以上超过 160cm，在 100cm 左右定干。定干后去掉剪口下第二个芽，在苗木中段刻芽 3～5 个（图 6-52），通过刻芽增加主枝数量，当年可萌发主枝 5～7 个。定植当年勤追肥、浇水（图 6-52），新梢长出 15cm 后及时追肥 4～5 次，每次每亩地用肥 3.5～5kg，前期用尿素，后期用磷酸二氢钾。当年生长季所有枝，除砧木萌蘖外，均不做任何修剪，以免削弱树势；8 月中旬进行拉枝，所有主枝拉平。

(a)   (b)

图6-52 定植后矮化樱桃苗刻芽、定干、套筒、浇水等

通过大苗定植可以实现早成形、早结果的目的，定植后在饱满芽处定干，宜将第二个芽去掉，以免将来与主干竞争；同时在中部用两根钢锯条刻芽 3 ~ 5 个，并涂抹抽枝宝，促进新梢萌发，增加主枝数量。

2. 刻芽、拉枝培养树形

第二年和第三年对中干延长枝留 80 ~ 100cm 左右短截，继续去掉剪口下第二个芽，于萌芽前 20 天对延长枝中段刻芽，于 8 月份对新梢进行拉枝，所有主枝拉平，如图 6-53 所示。拉枝每年集中进行两次，一次为 8 月中下旬，主要针对当年生新梢；一次为早春，主要针对多年生枝。在整个生长季注意维护拉绳状态。第三年时，主枝数量可达到 12 ~ 15 个，树高 2.5 ~ 3m，纺锤树形基本形成（图 6-53）。

(a) 定植后第一年

(b) 定植后第二年

(c) 定植后第三年春

(d) 定植后第三年秋

图6-53　通过拉枝开张主枝角度

对于主干空枝的部位可以在饱满芽处重刻芽，即将该芽上面一小块树皮用刀去掉，并涂抹抽枝宝，以促发新枝（图 6-54）；刻芽时间一般在萌芽前 20 天。在夏季对主干萌发的新梢（未来主枝）拧梢，秋季对当年中心干萌芽的新梢拉枝，拉平成 90°。

甜樱桃新优良种高效栽培技术

图6-54 主干空枝处重刻芽，涂抹抽枝宝

二、主枝培养

1. 单轴延伸培养主枝

当主枝新梢形成以后，当年秋季拉枝，冬季轻短截，不留侧枝结果。第二年、第三年冬剪时对主枝延长头轻短截，春季当主枝延长头萌发的新梢长到 40 ～ 50cm 左右时摘心；侧生新梢长到 30cm 左右时摘心并扭梢；背上徒长枝和竞争枝重短截（图6-55）。矮化树第三年就能大量成花，结果后长势弱，结果后主枝生长也会减弱。后期如果主枝交叉严重可以适当回缩。

延长头短截

(a)

侧生新梢摘心扭梢

(b)

背上徒长枝极重短截

(c)

理想的主枝结构

(d)

图6-55 单轴延伸培养主枝

2. 主枝刻芽培养结果枝

对于定植后当年长出的主枝，在萌芽前10天左右对中间两侧的芽全部刻芽（图6-56），其中离枝头20cm和离基部20cm处的芽不刻。刻芽后主枝第二年就会萌发大量新梢，在樱桃硬核期对长度超过20cm的新梢摘心扭梢，当年就能形成长、中、短和花束状果枝（图6-57、图6-58）。

(a)

(b)

图6-56 主枝两侧刻芽促进新梢发生

图6-57 主枝延长头处新梢摘心成花

图6-58 理想主枝枝组分布（定植后第三年）

3. 主枝培养注意事项

如果用带分支的大苗（带土坨）定植，有利于早成形、早结果；但对分枝要中短截或重短截，短截后主枝当年长出的竞争枝、侧生枝扭梢摘心，当年不疏除，以增加枝叶量，提高树势，也可利用其结果（图6-59）；5～6年后，如果主枝过矮可直接将该主枝疏掉，如果高度合适，侧生的同龄枝可极重回缩培养小型结果枝组，确保主枝单轴延伸。

中干有空枝的部位，及时重刻芽，促发新枝。树头及时去掉，不用树头拉下来培养主枝，以免扰乱树势。

甜樱桃新优良种高效栽培技术

|(a)|(b)|

图6-59　下层主枝临时侧生枝成花结果

三、结果枝组培养

1. 通过扭梢摘心培养结果枝

矮化樱桃树成花容易，主枝形成后刻芽，结合摘心、扭梢等技术可很快培养出大量花束状果枝，以及长、中、短果枝（图6-60～图6-64）。

图6-60　刻芽后形成大量花束状果枝

图6-61　摘心后基部芽成花

图6-62　对新梢进行摘心、扭梢处理

图6-63　第三年主枝上各类果枝成花情况

2. 培养小型结果枝组

主枝上中、长果枝形成以后可以稳定结果多年，进而形成结果枝组，主要通过徒长枝和竞争枝极重短截、长枝组回缩等方法维持小型枝组结果，同时也能集中养分供应，促进果个增大（图6-64、图6-65）。

图6-64　背上枝极重短截培养小型结果枝组

图6-65　主枝侧生的小型结果枝组

通过以上各类培养技术的综合应用，就可以实现大苗定植后第二年亩产150kg，定植后第三年亩产300kg，定植后第四年亩产500kg以上的目标（图6-66、图6-67）。由于樱桃早春结果，有的示范果园实际上大苗定植后一年零两个月就可实现亩产150kg的目标。

图6-66　矮化樱桃定植后第三年结果情况

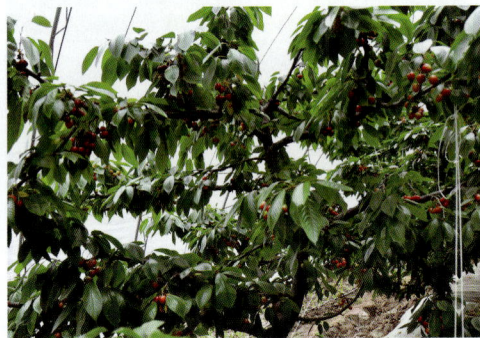

图6-67　矮化樱桃定植后第十年结果情况

四、注意事项

樱桃密植矮化栽培首先要了解矮化树适宜栽培的生态环境，由于矮化树长势弱，气候条件寒冷、海拔高、土壤瘠薄等地区不适合栽培。在设施条件下，如辽宁、北京等地也可使用矮化砧木（图6-68、图6-69）。在生产管理中注意改良土壤，培肥地力，保持土壤湿润，切忌过旱和水涝。

矮化砧木应用最多的还是纺锤形，这种纺锤形形状上看是纺锤形，但比乔化树纺锤形小（图 6-70）；主枝培养上不留侧枝和大枝组，其实和细长纺锤形主枝类似。该树形的关键就是早成形、早成花，切不可长过大。定植后两年内通过刻芽和强拉枝让矮化樱桃第二年就成形；通过主枝刻芽、摘心、扭梢综合应用，让主枝第二年就成花，第三年就大量结果。

在矮化树培养过程中，要注意控制主干高度，一般 2.5 ～ 3m；控制主枝长度，一般不超过 2m。

图6-68　北京设施内栽培的矮化樱桃

图6-69　黄土高原地区设施内栽培的矮化樱桃

矮化

(a)

乔化

(b)

图6-70　矮化樱桃细长纺锤形和乔化樱桃纺锤形树体结构比较

第七章

甜樱桃修剪技术

第一节 甜樱桃主要修剪手法

一、樱桃主要修剪时期及手法

1. 修剪时期

如图 7-1 所示。

修剪时期
- 休眠季修剪 —— 落叶后到萌芽前。养分损失少，促进生长；盛果期和衰老树应用多；培养树形，调整骨干枝和枝组
- 生长季修剪 —— 萌芽前到落叶。抑制生长；改善光照；促进成花坐果；幼树、旺树应用多；主要对当年生枝进行修剪

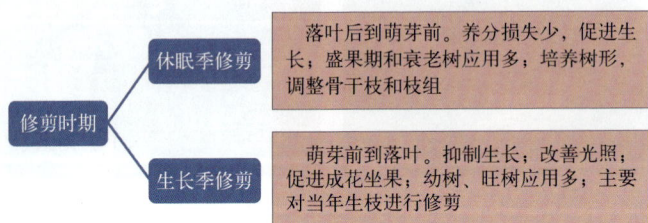

图7-1 修剪时期

2. 休眠季修剪手法

如图 7-2 所示。

3. 生长季修剪手法

如图 7-3 所示。

甜樱桃新优良种高效栽培技术

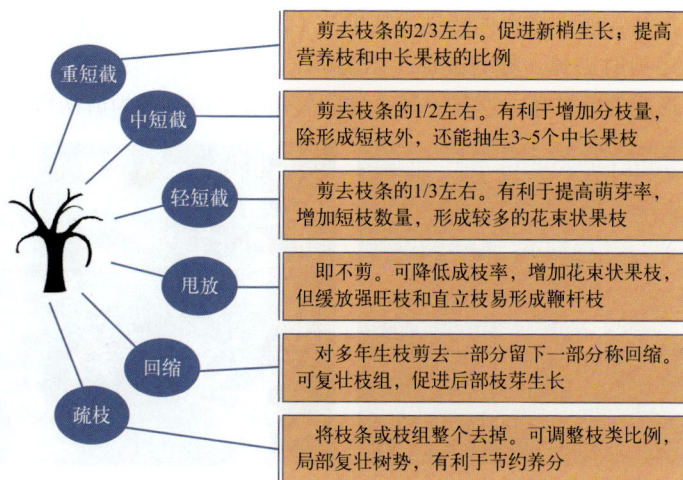

重短截	剪去枝条的2/3左右。促进新梢生长；提高营养枝和中长果枝的比例
中短截	剪去枝条的1/2左右。有利于增加分枝量，除形成短枝外，还能抽生3~5个中长果枝
轻短截	剪去枝条的1/3左右。有利于提高萌芽率，增加短枝数量，形成较多的花束状果枝
甩放	即不剪。可降低成枝率，增加花束状果枝，但缓放强旺枝和直立枝易形成鞭杆枝
回缩	对多年生枝剪去一部留下一部分称回缩。可复壮枝组，促进后部枝芽生长
疏枝	将枝条或枝组整个去掉。可调整枝类比例，局部复壮树势，有利于节约养分

图7-2　休眠季修剪手法

短截和甩放都是针对一年生枝，回缩是针对多年生枝，疏枝对一年生枝和多年生枝都可采用

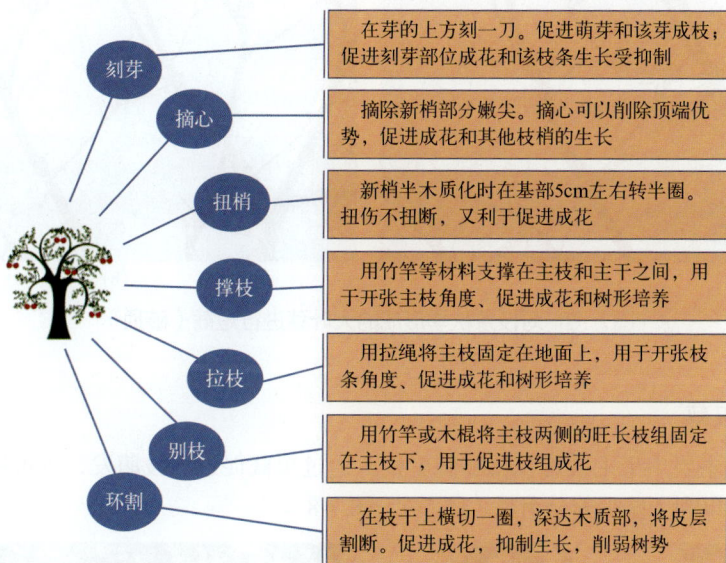

刻芽	在芽的上方刻一刀。促进萌芽和该芽成枝；促进刻芽部位成花和该枝条生长受抑制
摘心	摘除新梢部分嫩尖。摘心可以削除顶端优势，促进成花和其他枝梢的生长
扭梢	新梢半木质化时在基部5cm左右转半圈。扭伤不扭断，又利于促进成花
撑枝	用竹竿等材料支撑在主枝和主干之间，用于开张主枝角度、促进成花和树形培养
拉枝	用拉绳将主枝固定在地面上，用于开张枝条角度、促进成花和树形培养
别枝	用竹竿或木棍将主枝两侧的旺长枝组固定在主枝下，用于促进枝组成花
环割	在枝干上横切一圈，深达木质部，将皮层割断。促进成花，抑制生长，削弱树势

图7-3　生长季修剪手法

刻芽于萌芽前在一年生枝上进行；摘心、扭梢是春季针对当年生新梢进行的；撑枝、别枝针对多年生主枝、旺枝进行；拉枝可用于当年生枝，也可用于多年生枝；环剥和环割一般在主枝上进行

二、不同修剪手法的作用

1. 轻短截

轻短截可用于幼树主枝延长枝，通过轻剪缓和树势，配合拉枝和刻芽来促进新梢

的大量形成，再结合摘心将新梢转化为结果枝（图7-4、图7-5）。樱桃中长枝顶部形成的大叶芽可以冬剪时去掉，称为破顶（图7-6），这类叶芽一般是在秋季二次生长时形成，来年不能形成健壮枝条，这是一种特殊的轻短截，也可视为剪秋梢。

图7-4　对主枝延长枝轻短截

图7-5　轻短截后主枝上萌发的新枝

(a)

(b)

图7-6　对枝条秋季形成的大叶芽进行短截（破顶）

2. 中短截

中短截主要用于主枝延长枝和侧生枝，通过短截促进新枝萌发，也可用于长果枝和混合枝，以利于减少养分消耗（图7-7、图7-8）。

图7-7　主枝延长枝中短截后萌发新枝

图7-8　长果枝中短截后促进养分集中供应果实

甜樱桃新优良种高效栽培技术

3. 重短截和极重短截

重短截和极重短截主要用于竞争枝和背上枝；有时候对于主枝延长头也进行极重短截，主要是为了疏枝，用背下弱枝当作延长枝，而留下的枝由于只剩下瘪芽和隐芽，非常容易形成结果枝（图7-9、图7-10）。樱桃树成枝力弱，常用极重短截代替疏枝。

图7-9　对侧生枝进行重短截

图7-10　对背上枝进行极重短截

注意：由于樱桃的花芽是纯花芽，短截时一定要留叶芽（图7-11），如果只留花芽，将来该果枝就会变成一个废枝（图7-12），坐果率低，并且结的果由于没有足够的叶片输送养分，品质差。

图7-11　剪口在叶芽上进行重短截

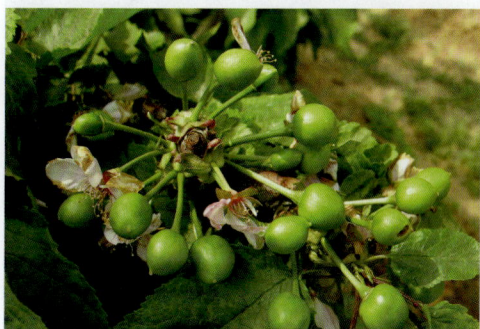

图7-12　花芽上重短截，形成废枝

4. 戴帽修剪

樱桃新梢一般一年只生长一次，当新梢摘心后往往会再次生长，在停长的部位节间短、没有芽，但内含隐芽。冬季在隐芽部位的短截称为戴帽修剪（图7-13、图7-14），樱桃旺枝宜在盲节上部进行短截，隐芽萌发后就会形成弱的结果枝。

5. 甩放

甩放主要用于长、中、短果枝，以及花束状果枝（图7-15～图7-18）。花束状果枝和部分中短果枝只有顶芽是叶芽，不能进行短截。长果枝和混合果枝宜适当短截。幼树时将延长枝两侧的新梢拧枝，然后甩放，来年可形成大量花束状果枝。

图7-13 延长枝戴帽修剪

图7-14 背上徒长枝戴帽修剪

图7-15 对长果枝进行甩放修剪

图7-16 甩放修剪的中果枝

图7-17 甩放修剪的短果枝

图7-18 甩放修剪的花束状果枝

6. 回缩

回缩是针对多年生枝组进行的，通过回缩可减少养分消耗，促进剩余枝组更好成花结果。有时候对于过强的背上枝组、过密枝组或弱枝组也进行回缩，以调节树势（图7-19、图7-20）。回缩一般在休眠季进行，当樱桃树结果枝组过多或过弱时也可以在结果后对部分2～3年的枝组回缩，以复壮树势，促进花芽质量提高。

图7-19 对结果枝组进行回缩

图7-20 对背上过强枝组进行回缩

7. 疏枝

疏枝主要针对徒长枝、过密枝和弱枝进行，当樱桃树花芽过多时也可疏掉部分弱的花束状果枝，以节约养分。对于树形不合理的樱桃树，通过对大侧枝、背上大枝等疏除可达到优化树体结构（图7-21、图7-22），改善通风透光条件的目的。

图7-21 疏掉部分花芽

图7-22 疏掉背后大枝

8. 刻芽

刻芽主要在幼树期使用，用于促发主枝和促进花芽形成（图7-23）。为了更好地促进主干上主枝形成还要对刻的芽涂抹抽枝宝或发枝素。对于多年生幼树当主干缺少主枝时要进行重刻芽（即用刀子削掉芽上面的一小块皮），以利于主枝发生（图7-24）。另外，主枝刻芽促花还需要以拉枝和摘心技术配合。

9. 摘心

摘心是促进樱桃成花的最好措施之一，最好能按照"五四三二一"的原则进行。即：当主干延长枝长至60cm左右时，摘掉5～10cm，留50cm（五）；当主枝延长枝长至50cm左右时，摘掉5～10cm，留40cm（四）；当侧枝长至40cm左右时，摘掉5～10cm，留30cm（三）；当结果枝长至30cm左右时，摘掉5～10cm，留20cm（二）；当背上枝长至20cm左右时，摘掉5～10cm，留10cm（一）。

図7-23 对主枝刻芽促生花束状果枝

图7-24 主干重刻芽后萌发的主枝

摘心主要是针对背上枝和剪口萌发的侧生枝进行的，一般在硬核期集中进行一次，果实成熟前后再集中进行一次，第二次摘心一般是新梢再长 20 ～ 30cm 后就摘，还是摘掉 5 ～ 10cm。摘心时不能只摘掉嫩尖，要摘到老叶位置，一般 5 ～ 10cm 左右，用手摘心比用剪刀效果更好，速度也快。对于旺长新梢先扭梢，后摘心，有时能促进其在 6 ～ 7 月份进行花芽分化（图 7-25）。

(a)

(b)

图7-25 背上枝重摘心促进成花和先扭梢后摘心促成花

10. 扭梢

扭梢主要针对剪口两侧萌发的新枝、主枝上的侧生枝进行，即在新梢半木质化时抓住新梢基部（5cm 左右位置）将其扭半圈，扭伤不扭断（图 7-26）。扭梢既可以促进成花（图 7-27），又可以控制新梢长势，见效快；但在扭梢时也要注意不能扭过多，如果所有新梢都扭了将来难以培养出健壮稳定的结果枝组，应根据树体长势选择部分新梢进行扭梢，主要针对竞争枝、背上枝和旺长枝进行。在幼树期还可对 2 ～ 3 年的旺长枝组进行转枝，即在硬核期前后抓住枝组基轴，将其反转，使枝组叶片朝下。转枝的方法和目的与扭梢相似。

甜樱桃新优良种高效栽培技术

图7-26　枝头新梢扭梢后的成花情况

图7-27　主枝上刻芽后再扭梢的成花情况

11. 拉枝和撑枝

拉枝采取"一推二揉三压四定位"的方法（图7-28）（见第五章第一节）。撑枝主要用于中上部主枝开张角度，促进成花（图7-29、图7-30），目的和拉枝一致。幼树主干上长出的新梢可在其长到30～40cm时用牙签将其顶开（图7-31），简单易行。

图7-28　3年生矮化樱桃树进行拉枝

图7-29　4年生乔化树拉枝撑枝后结果情况

图7-30　6年生乔化树拉枝撑枝后结果状况

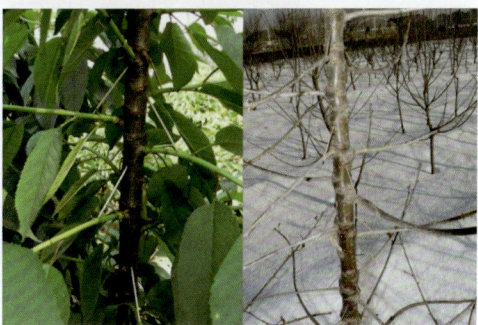

图7-31　用牙签将樱桃树新梢顶开

12. 别枝

别枝主要针对主枝两侧向上生长的旺枝进行（图7-32），目的也是开张枝条角度，促进成花。当侧生枝和主枝夹角过小时，也会徒长，难以成花，这时可将其用棍和主枝撑开，增大夹角。

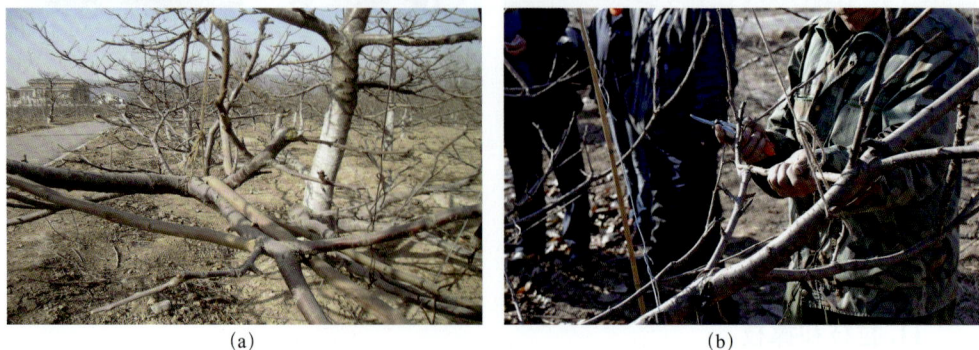

(a)   (b)

图7-32　主枝两侧枝组别枝和撑枝

13. 环剥和环割

环剥就是切断树干上的一部分韧皮部，截断叶片上积累的养分向根部运输，增加地上部分养分积累，以促进成花和果实生长。环剥一般在距地面 10 ～ 20cm 的主干上进行，以后可逐步向上间隔 10 ～ 15cm 再环剥。环剥的宽度一般 3 ～ 7cm。环剥时要将环剥部位的粗皮刮除，上刀下斜，下刀上斜，剥口必须连接成闭合的环形，不留残皮，不出毛茬，否则效果不佳。

环割就是在树干或主枝的基部，用刀将树皮环割一道，深达木质部，一般在主枝上进行，当主枝过旺时也可环割两道。樱桃有流胶现象，伤口愈合困难，应慎用环剥和环割技术，北京地区尤其不建议采用。环剥时一般只在大树、旺树上进行，对小树、弱树不用。环剥后要利用报纸或胶带进行保护。

第二节　甜樱桃冬季修剪技术

果树树形和枝组调整主要在冬季，樱桃冬季修剪在落叶后到萌芽前均可进行。一般在早春 2 月份到 3 月初（萌芽前 20 天）进行，此时冬剪有利于伤口愈合。冬剪顺序一般从上到下、先大后小，即先调整树形，再修剪主枝，最后调整枝组。树形按照培养要求逐年进行，主枝和枝组修剪需要根据生长实际情况和樱桃生长特性认真选择。

一、调整树形

1. 主干落头

当主干高度达到树形要求时，就要及时落头（图 7-33），幼树时或初果期树头会冒新枝（不夏剪），对于树头要每年调整，最好留活桩，每年都有新梢长出，以利于养根壮树。

甜樱桃新优良种高效栽培技术

(a)   (b)

图7-33　幼树中心干落头及盛果期去掉树头旺条

2. 调整主枝数量

随着樱桃树的长大，主枝数量也需要及时调整，一般纺锤形樱桃开始留12～15个左右主枝，后期逐年改成9～12个。调整时优先去掉最上层大主枝（图7-34），上层主枝竞争养分能力强，既影响下部主枝生长，也不利于采收等管理。下层主枝见光差也要及时去掉，中间主枝如果过密、重叠严重也要调整（图7-34）。需去除的主枝过大时宜分年进行，主枝调整也可分年进行，先去掉大侧枝和枝组，第二年再去掉该主枝。

(a)   (b)

图7-34　去掉上层大主枝及疏掉过密大枝

3. 去掉大侧枝

纺锤形樱桃树不培养大侧枝，幼树期对主枝两侧同龄竞争枝应及时极重短截。当大侧枝形成后要尽快去掉（图7-35、图7-36），大侧枝竞争养分能力强，严重影响其他枝组生长。

4. 主枝更新

细长纺锤形、圆柱形等树形，由于株行距小，当主枝交叉严重时要及时更新（图7-37），即留桩疏枝，萌发出新枝后选留健壮的当作主枝重新培养。主枝更新宜分年有计划进行，以维持健壮树势（图7-38）。

(a)   (b)

图7-35 去掉主枝两侧的大侧枝

(a)   (b)

图7-36 主枝去掉大侧枝前后对比

图7-37 部分主枝更新过的细长纺锤形   图7-38 理想的细长纺锤形树体结构

5. 保护伤口

疏除大枝后一定要及时用伤口愈合剂保护伤口，以防流胶（图7-39、图7-40）。涂抹伤口要及时，最好随锯随涂，当天完成。

甜樱桃新优良种高效栽培技术

图7-39　涂抹伤口愈合剂

图7-40　涂抹愈合剂一年后愈合情况

二、主枝修剪

1. 去掉不良枝

樱桃修剪对技术要求较高，需要深入学习、反复实践、多年观察才能真正掌握。初学者学习修剪最快的途径就是搞清楚哪些枝条是不好的枝，修剪时，先将不好的枝条去掉，就可完成一大半的修剪工作。樱桃树上主要不好的枝条包括萌蘖枝、竞争枝、徒长枝、背上枝、背下枝、轮生枝、并行枝、交叉枝、逆向枝、大侧枝等，如图7-41所示。在主枝修剪时优先把上述不良枝去掉，当然也不是有问题都不要，而应根据枝条实际情况进行选留，逐年调整。

轮生枝
在同一位置发出的3~5个枝条

并行枝
在主枝同一侧并排长出的侧生枝

徒长枝
长势旺加粗快的枝条，一般长度大于60cm

反向枝
在枝组长出与枝组伸展方向相反的枝条

背下枝
枝条下部长出的枝

在枝头（树头）长出与枝头竞争且粗度相当的旺枝
竞争枝

交叉枝
相互交叉的枝条

背上枝
枝条上部萌发的旺枝

逆向枝
在主枝上长出的向主干伸展的枝条

大侧枝
和主枝粗度接近的大枝

主干萌蘖枝

根部萌蘖
在主干或根颈长出的徒长枝条

图7-41　樱桃树主要不良枝类型

2. 枝头处理

幼树枝头延长枝一般中短截，促进侧枝萌发；侧生枝一般重短截，和枝头竞争的枝极重短截（图7-42）。进入盛果期后枝头注意弱枝带头、去强枝留弱枝，促进新的结果枝组形成（图7-43）。果树衰弱后枝头也可适当回缩，促进长势恢复（图7-44）。

(a)   (b)

图7-42　幼树主枝延长枝中短截（a）以及侧枝重短截（b）

(a)   (b)

图7-43　盛果期树枝头去强留弱

(a)   (b)

图7-44　弱树枝头回缩短截

甜樱桃新优良种高效栽培技术

3. 竞争枝和背上枝处理

主枝延长头短截后容易冒出 1～2 条同龄竞争枝，应及时重剪、摘心，培养成新的侧生枝组；当控制不当时会形成和主枝竞争的大枝，竞争枝要及时去除（图 7-45）。同样背上枝长势旺，宜及早疏除，如有空间也可通过重摘心、极重短截等手段培养背上小的结果枝组，当背上枝过大过旺时及时疏掉。

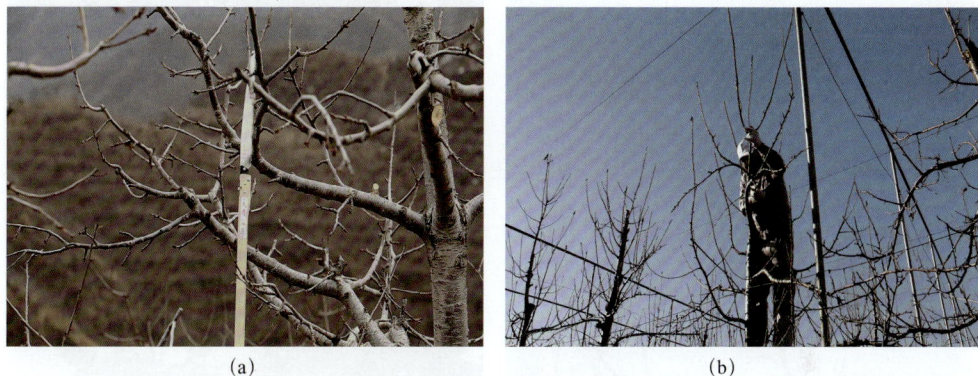

(a) (b)

图7-45 疏掉枝头竞争枝和背上枝

4. 理想主枝结构（幼树到老树）

通过修剪去除掉不好的枝，其他枝条在主枝两侧均匀分布，大致呈等腰三角形，注意树势均衡，有空间的地方也可适当留一些小的背上、背下结果枝组。纺锤形理想的主枝结构如图 7-46～图 7-48 所示。

(a) (b)

图7-46 幼树主枝结构和结果情况

三、枝组修剪

培养树形和主枝主要就是在上面着生各类结果枝组结果，一般来说乔化樱桃叶

(a)

(b)

图7-47　初果期主枝结构和结果情况

(a)

(b)

图7-48　盛果期主枝结构和结果情况

芽受刺激后当年长出新梢，通过摘心可成花，当年形成，第二年可开花结果。3～4年后形成中型结果枝组，5～6年后形成大型结果枝，然后通过短截、回缩等手段维持各类枝组结果。篱臂形、矮化树、丛状形、直立多干形等果树，直接在主枝上培养小型和花束状果枝结果，属于小型结果枝组；新枝当年通过刻芽、摘心、扭梢等促进成花；以后通过强枝重剪、果枝甩放来维持结果。

1. 侧生枝组培养（幼树到盛果期）

樱桃以侧生结果枝组结果为主，主枝两侧长出新枝后，强枝重剪，弱枝短截，然后来年摘心就可成花；成花后弱枝带头、强枝重剪、中庸枝短截即可形成小型结果枝；5～6年后即可长成大中型结果枝组（图7-49）。

2. 背上枝组培养

樱桃成枝力低，背上枝一般通过摘心、重剪、戴帽等手法培养成小的背上结果枝组。背上枝组切记要及时回缩、疏枝（图7-50、图7-51），不可任其长大。

甜樱桃新优良种高效栽培技术

(a)   (b)

(c)   (d)

图7-49　侧生结果枝组培养过程

(a)   (b)

图7-50　背上枝组培养

3. 枝组修剪

枝组长大以后也需要修剪整理，和主枝修剪类似。主要修剪工作是去掉枝组竞争枝、背上枝；枝组延长头弱枝带头、适当短截；枝组上结果枝组适当回缩，疏掉部分细弱结果枝，促进养分集中（图 7-52 ～图 7-55）。

(a)   (b)

图7-51 培养成的背上小型结果枝组

图7-52 枝组延长头短截

图7-53 疏掉部分细弱结果枝

图7-54 结果枝组回缩

图7-55 疏掉部分花束状果枝

四、不同类型樱桃冬季修剪方法

前面介绍了一般樱桃树修剪的技术，在具体应用中不同树龄、不同树形和不同管理模式其修剪手法选择有很大区别。

幼树期主要任务是扩大树冠，主要通过短截促发分枝，尽量少疏枝（图7-56），结合拉枝、摘心和合理修剪等促进成花（图5-15）；初果期主要任务是促进枝组形成和增加结果枝数量，主要采用短截、戴帽、去强留弱等手法培养结果枝组（图7-57、图5-15），结合拉枝、摘心促进新梢成花；盛果期主要是通过回缩、短截维持稳定结果（图7-58，图5-16）。有的地方以主枝单轴延伸和花束状果枝结果为主，与本文短截、回缩培养枝组的方法有较大差异。这种方法枝组健壮，更适合樱桃次适宜产区适用。

(a)　　　　　　　　　　　　(b)

图7-56　樱桃幼树修剪

(a)　　　　　　　　　　　　(b)

图7-57　初果期樱桃修剪前后树体结构

(a)　　　　　　　　　　　　(b)

图7-58　盛果期樱桃树修剪前后树体结构

第三节 甜樱桃夏季修剪技术

广义的夏剪包括春季刻芽、拉枝、摘心、扭梢等技术，前面已介绍。本节主要介绍采后夏季修剪技术。樱桃采后需要进行夏季修剪，主要目的是改善光照条件，促进成花。樱桃夏剪和一般果树有较大区别，其不但可处理当年生新梢，也可对部分多年生枝进行处理。

一、树头处理

果树树头竞争养分能力强，容易徒长。树头不但遮光严重，还影响樱桃树整体花芽分化进程。当幼树高度达到设计要求时，可采后落头，如图 7-59 所示。初果期樱桃一般在落头部位冒出新的树头，对新长出的树头也落头（图 7-60）。落头时留 50cm 左右活桩，以利于养根壮树；树头长势变弱以后不在夏季落头，改为冬季落头，同样留活桩；当最上面主枝粗度超过该树头活桩 3 倍时再将活桩去掉。

(a)　　　　　　　　　　　(b)

图7-59　樱桃幼树采后落头

(a)　　　　　　　　　　　(b)

图7-60　初果期樱桃树采后落头

二、调整骨干枝

对于中上部个别长势强、挡光严重的主枝或大侧枝也可去除（图7-61）；下层和内膛见光差的主枝或大侧枝也可去除（图7-62），过密和重叠主枝也应及时去除（图7-63）。骨干枝夏剪重点是大侧枝或徒长严重的背上枝，其他主枝尽可能冬剪时处理。调整骨干枝主要是针对管理不到位的樱桃树，管理好的果园基本不用夏剪调整。

图7-61　去掉挡光严重的主枝

图7-62　去掉不见光的大侧枝

(a)

(b)

图7-63　细长纺锤形树体结构去掉下层主枝和过密主枝

三、枝组修剪

枝组修剪是樱桃夏剪的主要工作，主要任务是去掉徒长枝和部分新梢短截（相当于部分冬剪工作），通过枝组修剪可有效促进养分向花芽转移，提高花芽质量。

枝组修剪主要内容包括：去掉主枝上徒长的侧生枝组和背上枝组（图7-64、图7-65），徒长枝是影响光照、争夺花芽养分和抑制花芽分化的主要因素，也是夏剪重点内容；当枝组过长、过弱时可将部分枝组回缩（图7-66），以节约养分；夏剪时如果新梢还没停长，可对其摘心处理，背上枝宜留10cm左右重摘心。

(a)   (b)

图7-64　除掉侧生竞争

(a)   (b)

图7-65　背上徒长枝隐芽处极重短截

(a)   (b)

图7-66　回缩过长的结果枝组

四、各种修剪技术综合应用

　　樱桃修剪应该冬剪、夏剪相结合，并根据不同树形和管理要求选择合理修剪技术。如细长纺锤形、矮化树主要利用主枝上花束状果枝和中小型枝组结果，幼树期首先刻芽促进结果枝数量增加，后期重点是树形和结果枝组维护；多干整枝、丛状形等树形，其实是把主枝当作一个大的结果枝组，在主干或主枝上通过环割、重摘心等培养花束状果枝和短果枝，以夏剪为主。

夏剪是在冬剪基础上进行的，如果冬剪到位，夏剪基本不需要处理多年生枝；另外，拉枝、摘心等技术是樱桃促花的主要技术，采后夏剪只能起到辅助作用；各种修剪技术综合应用是樱桃树管理好的前提（图7-67、图7-68）。

任何夏剪技术都会削弱树势，所以樱桃夏季修剪主要用在幼树和初果期樱桃树。通过处理部分多年生枝可调整树形，调节营养生长和生殖生长的平衡。对于盛果期樱桃夏剪量要减少，衰老树不能夏剪。

图7-67　背上枝组未夏剪成花少

图7-68　背上枝组夏剪促进成花坐果

五、不同树形选择合理技术

不同树形夏剪技术也存在很大区别，樱桃篱臂形、多干形、丛状形和直立多干形等树形，以主干上花束状果枝和中短果枝结果为主，培养这类树形的关键是主枝形成后当年就让绝大部分新梢成花。如直立多干形，主干长出后第二年春天芽萌动后（萌发前）进行环割（即用刀在主干上转一圈，深及木质部），每15cm环割1道；当主干新梢长出10cm左右时，后留5cm左右摘心，这样就可让所有芽营养均衡，当年形成大量花束状果枝和短果枝（图7-69、图7-70）。单纯甩放，容易造成枝条旺长、树势紊乱（图7-71）。

图7-69　对主枝上长出的新梢重摘心

图7-70　主枝当年形成大量花束状果枝

(a)   (b)

图7-71　直立多干形和双干形整枝通过主枝甩放成花极少

第四节　甜樱桃大树改造技术

前面介绍的修剪都是理想情况下樱桃修剪技术，在生产中经常会出现技术偏差、管理不到位等问题，造成树形紊乱、樱桃花少等现象。最常见的情况有两种：一是幼树期管理不到位，造成七八年生樱桃树成花少、果树徒长；二是进入盛果期后没有及时调整树形和管理方法，导致十多年生大树树冠郁闭，果枝减少，产量及品质严重下降。这两种情况都需要对树形和枝组进行大的改造。下面笔者结合多年樱桃大树改造经验介绍一下相关改造技术。

一、改造的意义

樱桃结果以后枝干会继续生长和加粗，树形和枝组结构都需要根据实际情况调整。没有掌握好大树修剪技术或舍不得修剪时，就会造成树冠郁闭，大枝多，结果枝少，光照条件差，成花减少，内膛光秃（图7-72、图7-73）；同时果个也会变小，品质下降。解决这类问题的关键就是解放思想，大胆对大树进行改造。

图7-72　十多年生郁闭果园

图7-73　生长季树冠严重郁闭

对十多年生的郁闭樱桃园进行改造，主要有两项内容：一是通过骨干枝进行调整，改良树形，改善内膛光照条件，增加新梢数量（图7-74、图7-75）；二是通过回缩、摘心等措施促进结果枝形成（图7-76），提高产量，增大果个。大树改造最好冬剪时进行，采后夏剪时也可对樱桃大树进行改造。夏剪时改造要注意先进行施肥浇水，提高树势，另外树势弱的樱桃不宜夏季改造，应首先加强肥水，然后冬季改造。

图7-74 未改造大树内膛光秃结果枝少

图7-75 改造后萌发大量新梢

(a)

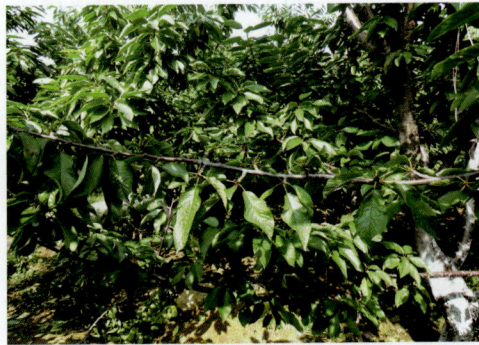

(b)

图7-76 不回缩两年生枝难成花和回缩后两年生枝大量成花

二、樱桃大树改造技术

1.落头

有的果园疏于管理，造成树头越来越高，或徒长的主枝形成新的树头，这种情况下首先要落头。分年落头更有利于保持树势稳定，延长结果年限，一般分两到三年落头到位（图7-77）；树龄不太大的果树也可以一步落头到位，但要注意留活桩，并且树头萌发的新梢当年不夏剪，以利于养根壮树。

2.疏除部分骨干枝，改善内膛光照条件

郁闭樱桃园主要是因为骨干枝太多、太乱，因此大树改造重点是疏除部分骨干枝。对于树形维持较好的樱桃树，主要是去掉部分过密枝，疏掉大侧枝和背上大枝。对于

（a）

（b）

图7-77 分年落头示意图

在幼树期树形没有培养好的大树，也不必强调树形，只要将骨干枝分开，打开光路，改善树冠光照条件即可。这类大树重点要去掉内膛或主干上的直立枝、过密枝、大侧枝和背上大枝（图7-78）。背上和侧生的大枝宜早去，主枝可缓去；即对于位置不合理或粗度过大的主枝可先去掉大侧枝、大枝组，第二年再将其疏掉。大树改造应分2～3年完成，1年去掉大枝过多容易造成树势衰弱，缩短结果年限。改造当年，不合理的骨干枝疏除最多，大概占不合理骨干枝的一半。

（a）

（b）

（c）

（d）

图7-78 树形紊乱大树改造

3. 枝组回缩，促发新梢

郁闭果园因放任生长内膛不见光，造成结果枝少，且主要集中在树冠外围。增加结果枝最有效的方法就是通过主枝、枝组回缩，促进内膛枝发新梢，然后再通过摘心等手段培养新的结果枝。培养大量新枝结果，尤其是新的枝组结果，不但能提高产量，也能有效增大果个，提高优质果率和内在品质。

枝组回缩工作主要包括：当主枝延长头小于30cm时，说明长势已弱，要适当回缩，一般回缩1/3左右；当枝组过长、细弱时，对枝组回缩1/3～1/2，细弱长枝组重回缩2/3；一般而言当大中型枝组延长枝长度小于15cm时，说明长势变弱，应回缩复壮（图7-79）；背上枝组一般留10～15cm重回缩；对于过密，没有空间生长的枝组，也可直接疏掉。通过回缩，主枝上和树冠内膛就会萌发大量新梢，既恢复了树势，也为新的结果枝培养提供了基础（图7-80）。对于枝组上的各类枝条，主要以短截、疏剪为主，和前文所述基本一致。

(a) 枝头回缩	(b) 长枝组回缩
(c) 背上枝回缩	(d) 疏除过密枝

图7-79 枝组处理主要手法

对于树相完整的郁闭果园，改造主要是疏掉部分骨干枝和枝组回缩（图7-81）。对5～6m高的樱桃大树，往往下部光秃，冬剪改造时主干在3～4米处落头，其他过高主枝全部重回缩（图7-82），首先降低树冠高度，促进下层和内膛枝组萌发，以后再逐年调整骨干枝分布和枝组分布。

(a)

(b)

图7-80　大树改造后内膛和主枝两侧萌发大量新梢

图7-81　树相完整果园以疏枝、回缩为主

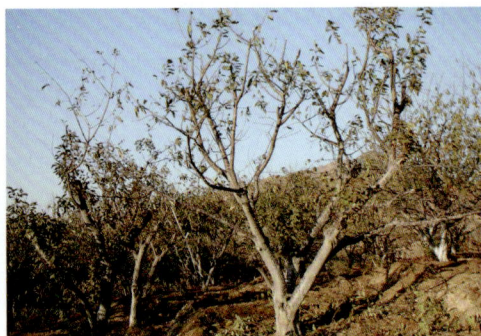
图7-82　过高大树改造首先落头，向下重回缩

4. 新梢摘心，促进成花

正常樱桃树通过疏骨干枝和枝组回缩，会萌发大量新梢，对新梢主要采用摘心技术促进花芽分化，进而培养出新的结果枝组（图 7-83），具体方法和前文一致。

(a)

(b)

图7-83　通过新梢摘心促进花芽分化和新的结果枝组形成

5.疏枝回缩作用

通过疏大枝、回缩枝组等大树改造技术应用，有效改善了郁闭果园光照条件，促进了营养集中。改造当年樱桃坐果率显著提升，特别是内膛结果枝组的坐果率提升效果更显著。通过改良树形结构和培养枝组结果，形成了立体结果树形（图 7-84）；改造后培养出大量新的结果枝，这些新结果枝为改造后樱桃树高产稳产提供了基础（图 7-85、图 7-86）。

(a)

(b)

图7-84　形成大量结果枝组和立体结果树形

图7-85　改造当年新形成的结果枝

图7-86　改造后第二年新枝组结果情况

三、采后大树改造技术

樱桃采后也可以对郁闭果园进行改造，其主要方法和内容与冬季改造一致，但修剪量一般不超过冬季修剪量的 1/3。弱树不宜采后改造，重点是落头（图 7-87）、疏过旺骨干枝和背上枝组回缩。大侧枝、结果枝组，特别是中下层的枝条应在冬季完成修剪。即改造任务分两个阶段，采后处理一部分，冬季继续改造。采后改造树形可改善内膛光照（图 7-88、图 7-89），促进当年花芽发育，提高第二年樱桃园产量。

(a)　　　　　　　　　　　　　　　(b)

图7-87　生长季对樱桃郁闭果园进行落头处理

1. 疏除部分骨干枝

对于过密主枝、过旺的大侧枝、背上枝、背下枝进行疏除，是改善内膛光照的主要手段（图7-88）。改造前后树冠对比如图7-89所示。

2. 枝组修剪

过旺、过长的枝组也可以回缩（图7-90、图7-91），个别过长新梢也可短截（图7-92）。但枝组回缩量不宜过多，大部分枝组宜留到冬剪时回缩。六月底改造能促进樱桃树再发新梢，新梢长出后注意及时摘心（图7-93），可当年成花。

(a)　　　　　　　　　　　　　　　(b)

(c)　　　　　　　　　　　　　　　(d)

图7-88　樱桃采后对部分骨干枝进行处理

(a)

夏剪前
夏剪后
(b)

图7-89　郁闭果园采后改造效果

图7-90　过旺背上枝短截

图7-91　过长细弱枝组重短截

图7-92　过长小枝组回缩

图7-93　对当年萌发的新梢摘心

　　无论是采后改造还冬季改造，其目的都是培养更多的结果枝结果。改造能够培养结果枝的原因就在于营养集中，通过疏枝和回缩可让营养更加集中在内膛骨干枝和枝组上，促其萌发新梢。因此对萌发的新梢要及时摘心（图7-94，方法同前文），否则事倍功半。

 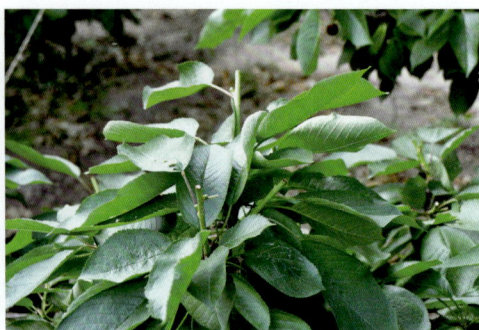

(a) (b)

图7-94　大树改造后第二年春及时对新梢摘心

四、大树改造效果

近二三十年以来我国樱桃面积飞速发展，已成为世界上栽培樱桃最多的国家。因发展过快，不少新区樱桃栽培技术并没有掌握到位，造成很多乔化大树生长过旺，产量品质下降，严重影响了果农收益。笔者曾跟张显川老师在山东新泰开展过樱桃大树改造工作，并在北京、河北等地进行了大量应用，均取得良好效果。大树改造不需要任何额外投入，当年改造，翌年增产增收。

大树改造针对十多年生乔化郁闭果园进行，主要是疏除部分骨干枝和枝组回缩。如山东新泰某示范园（图7-95），该试验树冬剪前干高28cm，大主枝10个，大侧枝23个；冬剪后干高28cm，大主枝10个，大侧枝14个，回缩剪口441个。改造后因养分集中，樱桃坐果率大幅提高，主枝和内膛枝组大量坐果（图7-96、图7-97）。同时果个显著增加，平均单果重8.3g；一级果率达80%，而对照不足30%；平均含糖量达到18%～20%，比对照增加了2～3个百分点（图7-98）。山东省科技厅连续在当地开展多次现场观摩会，深受广大果农欢迎。

(a) (b)

图7-95　山东新泰某示范园樱桃大树改造效果

甜樱桃新优良种高效栽培技术

(a)   (b)

图7-96　大树改造后第一年枝头和主枝结果情况

(a)   (b)

图7-97　大树改造后第一年内膛枝组大量结果

(a)   (b)

图7-98　山东新泰某示范园大树改造对樱桃品质的影响

　　一般在5月中上旬花芽开始生理分化，在大树改造中我们发现在山东新泰等地6月底夏剪后冒出的新梢通过摘心还能二次成花，即当年改造、当年成花，第二年产量品质大幅度提升。山东7月中下旬改造一般难以二次成花，北京采后改造一般不会二次成花，可能是因气候造成新梢生长期不够造成的。

第五节 初果期旺树改造技术

管理到位的乔化樱桃树第 3 年成花结果，第 6、7 年时可进入盛果期；矮化樱桃第 2 年成花结果，第 4、5 年时可进入盛果期。在生产中不少地方幼树期和初果期拉枝、摘心、修剪等技术不到位，造成枝条徒长、树冠郁闭（图 7-99）。这种旺长树通过修剪改造可迅速提高产量和品质，旺树的改造在冬季、采后都可进行，采后改造更有利于缓和树势、促进成花。

旺树改造和前文所述大树改造步骤基本一致，主要也是调整骨干枝、调整枝组、枝组回缩、春季摘心等。主要区别在于：旺树刚成形，骨干枝调整幅度不大；没有落头或树头还过高的树应尽快落头；以枝组重回缩和新枝短截为主（图 7-100、图 7-101），促发新梢；新梢及时摘心、扭梢、促进成花；骨干枝继续强拉枝。旺树改造主要是改变修剪方式，形成以结果枝组结果为主的立体结果树体结构（因树形改变不大，严格来说还不能称为改造）。

图7-99 8年生旺树成花少

图7-100 通过回缩促进两年生枝成花

(a)

(b)

图7-101 通过修剪将外围花束状果枝改为全树冠结果枝组结果

一、幼旺树冬季改造技术

1. 旺树改造基本方法

旺树改造主要修剪工作也是疏大枝和枝组回缩（如前文所述），如果树头太高，先落头（图7-102）。疏大枝优先疏掉过于直立的旺长主枝（图7-103）、过密主枝，同时大侧枝尽量去掉（图7-104）。当主枝过长时，适当回缩，最好回缩到一个弱枝上（图7-105）；过长结果枝组重回缩，以促进后部枝组成花坐果（图7-106）。因旺树上旺枝多，对这类枝条要仔细处理，背上枝一般重回缩，留10～15cm培养背上小枝组结果；对于徒长新枝一般极重短截，留隐芽以培养结果枝（图7-107）。

图7-102 主干落头

图7-103 疏掉过旺主枝

图7-104 疏掉大侧枝

图7-105 主枝回缩

图7-106 结果枝组重回缩

图7-107 旺枝极重短截

2. 改造示范园

北京昌平区某 8 年生旺长樱桃园，因旺长和修剪技术不到位，特别是摘心和枝组修剪不当，造成栽培 8 年基本没有产量。通过疏掉 1/3 左右的主枝，并对所有枝组回缩、新枝短截等措施，改变了原有树体结构（图 7-108）。改造当年新梢大量萌发（图 7-109），通过摘心形成大量结果枝（图 7-110），第二年就开始大量结果。

(a)　　　　　　　　　　　　　　(b)

图7-108　8年生旺树改造前和改造后树体结构

(a)　　　　　　　　　　　　　　(b)

图7-109　改造后萌发大量新梢

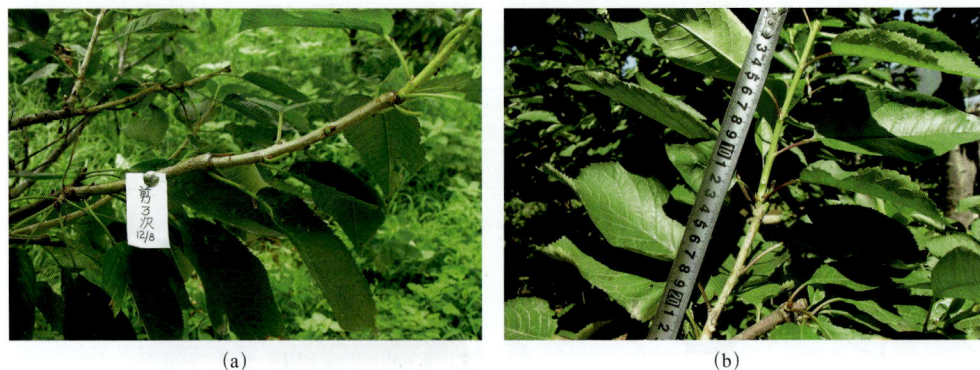

(a)　　　　　　　　　　　　　　(b)

图7-110　连续摘心，促进成花

甜樱桃新优良种高效栽培技术

3. 结果枝组培养

旺树改造的关键是如何培养优良的结果枝组，这类樱桃树因树龄小、长势旺，再通过疏枝、回缩枝组，当年就能萌发大量新梢，通过摘心即可当年成花，形成结果枝（图7-111、图7-112），来年就可形成各类结果枝组（图7-113）。

图7-111　两侧形成的结果枝

图7-112　背上形成的结果枝

(a) 枝头结果

(b) 背上枝结果

(c) 侧生枝组结果

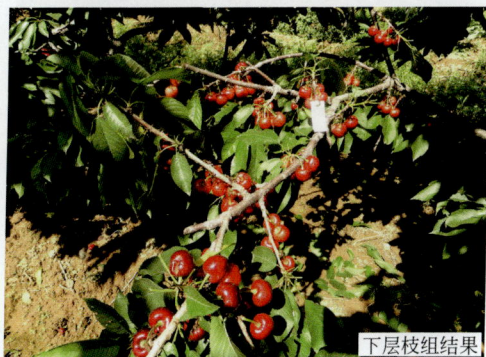

(d) 下层枝组结果

图7-113　改造后形成的各类结果枝组结果情况

二、夏季改造

旺长树尤其适合采后夏剪时进行改造，这样可有效缓和树势，促进当年成花。夏季改造和冬季改造内容基本一致，并且多年生枝处理量可达到冬剪修剪量的 1/2 ～ 2/3（修剪量比老树改造大）。即落头、疏主枝、疏大侧枝、疏背上枝和竞争枝（图 7-114、图 7-115），以及枝组回缩等工作大部分都可在采后完成（图 7-116 ～图 7-119）；冬季修剪时主要回缩一些侧生枝组和短截当年新枝。

图7-114 主干落头

图7-115 疏掉1/3左右主枝（原有22个）

图7-116 主枝延长枝回缩

图7-117 侧生枝组回缩

图7-118 重回缩竞争枝

图7-119 过长枝组回缩

甜樱桃新优良种高效栽培技术

三、旺树改造效果

我国樱桃主产区基本属于大陆性气候，春季生长期短，樱桃砧木以乔化为主，这样很容易造成樱桃树旺长，成花少、坐果率低。笔者曾在北京、山东等地开展过大量旺树改造技术示范，当年改造、当年成花、第二年丰产，效果非常显著。

北京昌平某8年生旺长樱桃园，改造前因枝条过密，基本没有产量。以其中一株试验树为例，该树改造当年19个大枝疏掉9个，枝组回缩156个，背上枝极重短截或重短截91个，9个侧枝疏掉6个；改造当年该树形成花束状果枝187个、短果枝133个、中果枝104个、长果枝351个，当年就形成了树形合理、光照均匀、大中小果枝相搭配的立体结果树形（图7-120）。改造的关键就是枝组回缩和旺枝重剪，并在新梢萌发后连续摘心，如试验树下层某主枝共回缩31处，平均每回缩一处形成2.8个结果枝（图7-121）。

图7-120　8年生樱桃旺树第一次冬季改造效果

图7-121　某主枝回缩后结果枝形成情况

回缩＋短截→冒条＋摘心，虽然比较费工，但形成结果枝组的结果非常稳定，更重要的是树势始终旺盛，抗逆性非常强，尤其适合北京等大陆性气候明显的樱桃产区。同时结果枝组结果，营养充足，果个大，一级果率显著高于甩放修剪樱桃树（图 7-122）。

(a)　　　　　　　　　　　　　　　　(b)

图7-122　改造后形成的结果枝组结果

四、改造后主要修剪技术

旺长樱桃树当年可形成大量结果枝和大小不等的结果枝组，对于这些枝主要采用背上枝极重短截、延长枝去强留弱、侧生枝适当短截等手法进行修剪（图 7-123），和前文樱桃修剪技术一致。

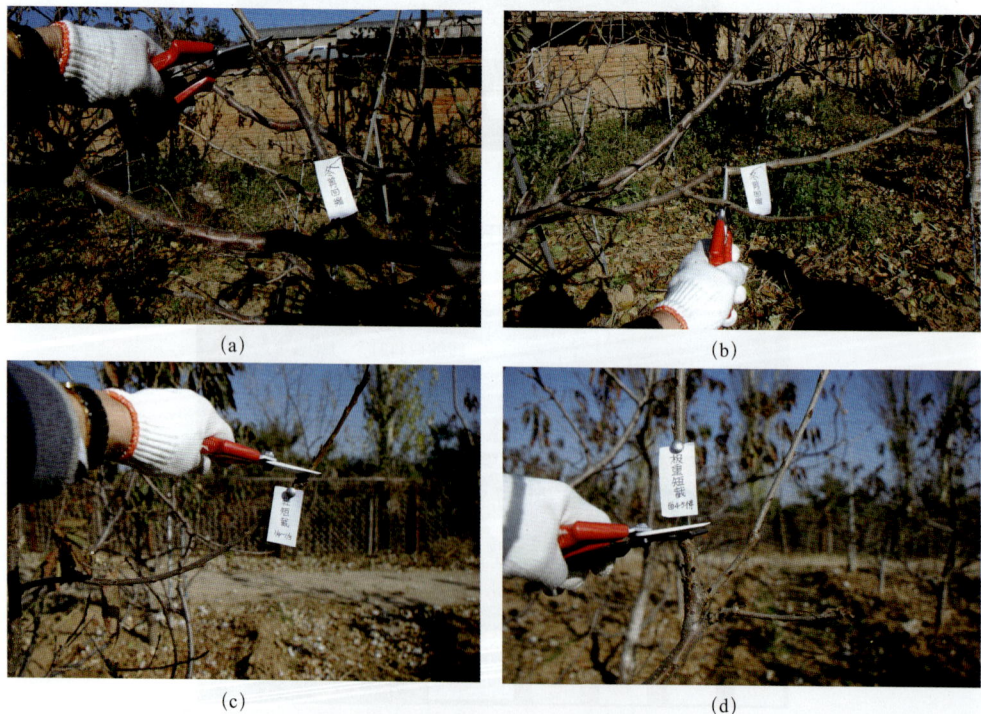

(a)　　　　　　　　　　　　　　　　(b)

(c)　　　　　　　　　　　　　　　　(d)

图7-123　改造后当年樱桃修剪手法

　甜樱桃新优良种高效栽培技术

旺树和改造后第一年对大枝调整比较多，第二年基本不做大的调整，重点培养结果枝组结果，培养方法和前文一致，第三年即可形成搭配合理、结果稳定的枝组结果（图7-124）。在此以后按照理想的结果树形和枝组结构进行修剪，可实现连年丰产稳产（图7-125），和前文一致。

(a)　　　　　　　　　　　　　　　　(b)

图7-124　改造后第三年樱桃结果枝组结果情况

(a)　　　　　　　　　　　　　　　　(b)

图7-125　改造后第五年樱桃结果枝组结果情况

多数旺长树枝条徒长且粗壮，这类树改造当年应适当减少氮肥使用（一般减少一半左右），最好以有机肥为主，以养根壮树、提高品质；有些树虽然枝条长，但细弱，这种树属于虚旺树，一般是既疏于肥水，又修剪不当，这类树改造当年应首先加强肥水管理。

参考文献

［1］ 冯玉增,程国华.樱桃病虫害诊治原色图谱.北京:科学技术文献出版社,2010.

［2］ 韩凤珠,赵岩.甜樱桃优质高效生产技术.2版.北京:化学工业出版社,2017.

［3］ 李淑平,玄秀兰,张福兴,等.甜樱桃自交不亲和研究进展.烟台果树,2007,100(4):14-15.

［4］ 李晓军.樱桃病虫害防治技术.北京:金盾出版社,2010.

［5］ 刘学卿.设施甜樱桃高产高效栽培技术图解.2版.北京:化学工业出版社,2022.

［6］ 孟瑜清.樱桃栽培技术.北京:中国农业大学出版社,2015.

［7］ 吴瑕,何晓蕾,王霞.樱桃栽培生理.北京:中国农业科学技术出版社,2020.

［8］ 夏国芳,韩凤珠.图说甜樱桃栽培关键技术.北京:化学工业出版社,2019.

［9］ 闫国华,张开春.中国主要樱桃品种.北京:中国农业出版社,2022.

［10］ 燕继晔,张玮,王山宁.樱桃病虫害诊断与防治原色图谱.北京:中国农业出版社,2021.

［11］ 张福兴,孙庆田,孙玉刚,等.我国甜樱桃种植区划研究.烟台果树,2016,133(1):1-3.

［12］ 张福兴.大樱桃品种、砧木与生产关键技术.北京:中国农业出版社,2014.

［13］ 张洪胜.现代大樱桃栽培.北京:中国农业出版社,2012.

［14］ 张开春,潘凤荣,孙玉刚.甜樱桃优新品种及配套栽培技术彩色图说.北京:中国农业出版社,2015.

［15］ 宗绪和.刘坤.大樱桃简化省工栽培技术.北京:化学工业出版社,2019.